Génétique statistique

Springer

Paris
Berlin
Heidelberg
New York
Hong Kong
London
Milan
Tokyo

Stephan Morgenthaler

Génétique statistique

Springer

Stephan Morgenthaler
EPFL FSB IMA
Station 8 - Bât. MA
CH-1015 Lausanne
Suisse
stephan.morgenthaler@epfl.ch

ISBN : 978-2-287-33910-3 Springer Paris Berlin Heidelberg New York

Imprimé en France

Springer-Verlag France est membre du groupe Springer Science + Business Media

Maquette de couverture : Jean-François Montmarché

Dans la même collection :

- *Statistique. La théorie et ses applications*
  Michel Lejeune, avril 2004
- *Le choix bayésien. Principes et pratique*
  Christian P. Robert, novembre 2005
- *Maîtriser l'aléatoire. Exercices résolus de probabilités et statistique*
  Eva Cantoni, Philippe Huber, Elvezio Ronchetti, novembre 2006
- *Régression. Théorie et applications*
  Pierre-André Cornillon, Éric Matzner-Løber, janvier 2007
- *Le raisonnement bayésien. Modélisation et inférence*
  Éric Parent, Jacques Bernier, juillet 2007
- *Premiers pas en simulation*
  Yadolah Dodge, Giuseppe Melfi, juin 2008

Avant-propos

Ce court recueil procède à une revue de diverses méthodes statistiques applicables à la génétique. Cette seconde science nous permet, mieux que nulle autre, de faire connaissance de la pensée probabiliste. Dans l'histoire de la statistique, la génétique a souvent été à l'origine d'idées nouvelles importantes. Nous livrons ici aux lecteurs dotés d'une formation mathématique quelques exemples tirés de cette discipline biologique dont les concepts sont définis au fur et à mesure de leur introduction. Aucune connaissance biologique préalable n'est donc nécessaire à la lecture de cet ouvrage.

Les lecteurs biologistes pourront eux aussi découvrir des modèles statistiques dans un contexte familier, mais il leur faudra posséder un certain niveau de connaissances mathématiques, ou faire preuve d'une réelle assiduité.

Les questions traitées dans les pages qui suivent constituent une sélection personnelle et ne prétendent pas à l'exhaustivité. Nous avons notamment laissé de côté l'analyse des données d'expressions géniques (« *microarray* »). De nombreux livres récents expliquent ce sujet de manière détaillée.

Cet ouvrage se fonde sur un cours de master (troisième ou quatrième année universitaire) que j'ai donné plusieurs fois à l'École polytechnique fédérale de Lausanne et à des étudiants en mathématiques, en informatique et en bioinformatique.

Les exercices à la fin des chapitres ont été élaborés par Andrei Zenide, Sandro Gsteiger, Sahar Hosseinian et Jean-Marc Nicoletti.

Lausanne, le 15 avril 2008
Stephan Morgenthaler

Sommaire

Chapitre 1

Introduction

La génétique est la science de la transmission des caractères héréditaires dans des populations d'êtres vivants. Elle occupe une place centrale au sein des sciences biologiques.

Les faits suivants représentent des points marquants dans le développement de la génétique : la publication de l'ouvrage de Ch. Darwin (*On the origin of species by means of natural selection*, London, John Murray, 1859), celle de l'article de G. Mendel intitulé *Versuche über Pflanzen-Hybriden* (1865), l'extraction d'ADN (acide désoxyribonucléique) de globules blancs (J.F. Miescher, 1869), l'observation du comportement des chromosomes lors de la division cellulaire par Th. Boveri (1888), la découverte portant sur le fait que les facteurs de Mendel sont liés physiquement aux chromosomes (Th. Boveri et W. Sutton, 1902), la découverte démontrant que la structure chimique de l'ADN pourrait en faire une substance porteuse de l'information génétique (F.H.C. Crick et J.D. Watson, 1953), le séquençage de la totalité du génome humain par une association internationale de chercheurs (*Nature* et *Science*, février 2001, voir aussi www.ornl.gov/sci/techresources/Human_Genome/home.shtml).

L'intérêt pour la génétique humaine est aujourd'hui extrêmement vif et les sciences du vivant sont perçues comme le moteur du développement futur de nos sociétés. Le fonctionnement de tout organisme vivant est fondé sur les gènes. Grâce à la collaboration entre gènes, il existe une richesse incroyable de propriétés et de fonctions. Une compréhension approfondie des propriétés des gènes est indispensable si nous souhaitons guérir les organismes des maladies, les protéger de dangers environnementaux, diagnostiquer des dysfonctionnements, etc.

Bien que certains caractères tels que le groupe sanguin soient déterminés par des facteurs purement génétiques, d'autres ne le sont que partiellement ou même pas du tout. Même si deux individus sont génétiquement identiques, ils ne le sont pas dans leurs comportements sociaux, leurs intérêts culturels, et même au niveau de leurs physiologies.

La diversité génétique entre humains n'est, dans un certain sens, pas très importante. Nos génomes sont identiques à 99,9 %. Et pourtant, la statistique s'intéresse avant tout aux différences. Elle essaie de comprendre l'origine de la différence entre les individus ainsi que son impact.

1.1 Données génétiques

Les données issues d'une étude génétique sont très variées. Les caractères que l'on observe sur un individu tels que sa taille, la couleur des yeux ou la présence d'une maladie sont des variables *phénotypiques*, tandis que l'information interne et héritable d'une cellule est *génotypique*. Les variables biochimiques telles que la concentration d'une protéine dans le sang, la présence d'une mutation sur l'ADN ou la concentration de microorganismes dans un échantillon d'eau sont des *biomarqueurs*. La liste suivante donne quelques exemples de variables ou biomarqueurs qui peuvent se présenter dans une étude :

- un caractère complexe, tel que la production laitière d'une vache ;
- un biomarqueur simple, tel que le groupe sanguin ;
- le génotype par rapport à un groupe de gènes, c'est-à-dire les allèles dont un individu est porteur ;
- le taux d'activité d'un ou de plusieurs gènes, mesuré dans un échantillon de tissus provenant d'un organe ;
- une séquence d'ADN ;
- les relations familiales d'un ensemble d'organismes.

Les mesures sont effectuées parfois au moyen de cultures de cellules (*in vitro*) et parfois avec des cellules prises sur des individus (*in vivo*). Dans le second cas, les individus peuvent former un échantillon sélectionné au hasard parmi une population. Dans d'autres situations, il s'agit d'individus ayant des relations familiales et une généalogie connue.

Parmi les objectifs de l'analyse statistique des données génétiques, on trouve les suivants :

- trouver des associations entre phénotypes et génotypes, par exemple, des facteurs de risque génétiques ;
- déterminer l'arrangement d'un ensemble de gènes sur un chromosome (« *physical mapping* » en anglais) ;
- élucider la liaison évolutive entre espèces ;
- identifier les dispositions génétiques sources de maladies ;
- déterminer la fonction d'un gène dans les processus cellulaires ;
- modéliser le processus à l'origine des mutations ;
- décrire l'interaction entre gènes.

Les données et les questions étant très variées, les méthodes statistiques utilisées dans l'analyse de telles données le sont aussi. La génétique a souvent été à l'origine de nouvelles méthodes statistiques. Ce petit livre en détaillera quelques-unes.

1.1.1 Expérience de Mendel

Pour analyser de manière scientifique la transmission de phénotypes d'une génération à l'autre, G. Mendel a effectué des expériences avec des plantes *pisum sativum* (petit pois). Les phénotypes qu'il choisissait étaient, entre autres, l'apparence (lisse ou ridée) et la couleur (jaune ou verte) des graines. En croisant de multiples fois des plantes qui produisaient des graines lisses ou ridées, il a, par selection, produit des plantes pure-souche du type « *lisse* » et « *ridée* ». Ces plantes formaient la génération parentale P_1 de l'expérience génétique de Mendel. Il a ensuite créé des plantes hybrides en croisant une plante lisse avec une plante ridée. Ces hybrides sont les descendants F_1, la première génération filiale. Mendel a observé que leurs graines étaient toutes lisses. En 1865, la théorie génétique contemporaine affirmait que, dans la fécondation, les caractères se mélangeaient. Interprétée de manière naïve, cette théorie était en contradiction avec les résultats de Mendel, car les plantes F_1 étaient d'un seul et unique type.

Mendel souhaitait voir plus clair et a poursuivi ses expériences en croisant les plantes de la population F_1. En faisant ainsi, on obtient la génération F_2 et à ce stade, les deux types parentaux, lisse et ridée, réapparaissent. En chiffres, la génération F_2 a produit 5 474 graines lisses et 1 850 graines ridées, ce qui correspond au rapport de cotes de 74,74 % : 25,26 % ou bien $\frac{3}{4} : \frac{1}{4}$.

Pour modéliser cette expérience, nommons A le facteur qui cause le caractère « *graines lisses* » et a le facteur qui cause le caractère « *graines ridées* ». Pour évaluer dans quelle proportion les facteurs a et A étaient représentés dans les plantes F_2, Mendel a pratiqué des autofécondations. Les plantes F_2 étant munies du caractère « *graines ridées* », les descendants possédaient dans tous les cas ce même caractère, ce qui démontrait que ces plantes ne contenaient pas le facteur A. L'autofécondation de plantes F_2 de caractère a montré un autre résultat. Parfois, tous les descendants possédaient le caractère « *graines lisses* » et, parfois, ils étaient des deux types. Parmi ses plantes à caractère « *graines lisses* » de la génération F_2, Mendel a observé 193 hybrides pure-souche A et 372 hybrides mixtes A et a. Cela correspond au rapport 34,16 % : 65,84 % ou bien $\frac{1}{3} : \frac{2}{3}$. Parce que $\frac{3}{4}$ des plantes F_2 avaient le caractère « *graines lisses* », ce résultat montre que $\frac{1}{4}$ des plantes F_2 étaient pure-souche a et $\frac{2}{4}$ étaient des hybrides mixtes.

Les conclusions de G. Mendel étaient les suivantes. Premièrement, trois types de plantes existent dans la génération F_2, pure-souche A, pure-souche a et Aa mixte. Parce que les descendants des plantes mixtes peuvent être aussi bien A que a, elles doivent être porteuses des deux facteurs a et A. Dans un souci de cohérence, il faut postuler que les plantes pure-souche contiennent également deux copies des facteurs, mais deux fois le même, AA ou aa. Deuxièmement, les trois types de plantes étaient présents en proportions presque exactement égales à $\frac{1}{4} : \frac{1}{2} : \frac{1}{4}$. Si l'on suppose que les deux facteurs d'une plante peuvent se séparer durant la formation d'ovules et de pollens, on obtient le schéma de la figure 1.1. On constate que les plantes de la génération F_1 sont toutes du type mixte Aa. Leurs descendants sont avec probabilité $\frac{1}{4}$ du type AA, avec

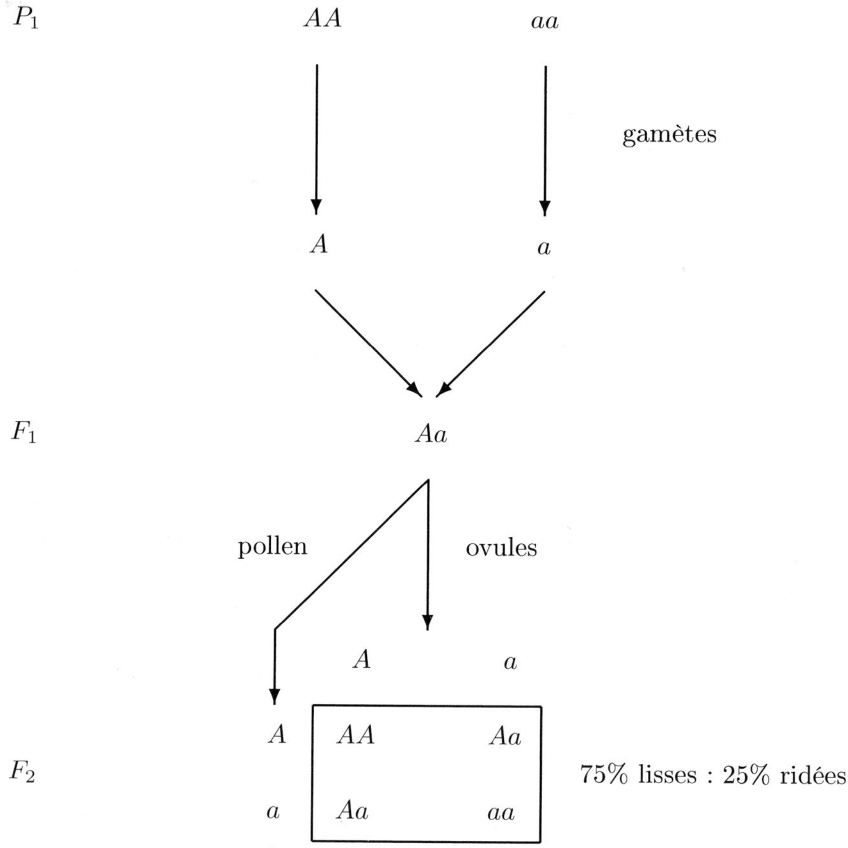

Figure 1.1 – Ce schéma décrit les expériences génétique de G. Mendel et fournit en même temps une explication des résultats.

probabilité également $\frac{1}{4}$ du type aa et avec probabilité $\frac{1}{2}$ du type Aa. Ces chiffres expliquent à merveille les observations de G. Mendel.

Exemple 1.1 *Mendel a également pratiqué des expériences avec deux caractères. D'un côté, l'apparence des graines et, de l'autre côté, leur couleur. En croisant une plante à graines lisses et jaunes avec une plante à graines ridées et vertes, il a constaté que les plantes de la génération F_1 sont des plantes à graines lisses et jaunes. En effectuant des autofécondations de telles plantes F_1, Mendel a obtenu 315 plantes à graines lisses et jaunes, 108 à graines lisses et vertes, 101 à graines ridées et jaunes et 32 à graines ridées et jaunes. Comment expliquer ces chiffres ?*

1.1.2 Test de Pearson

La méthodologie developpée par K. Pearson pour tester si une classification de n objets dans k types peut être expliquée par une répartition théorique est liée aux données de Mendel. Les expériences de Mendel ont résulté en une classification de $n = 565 = 193 + 372$ plantes dans deux classes qui ont des probabilités théorique de $\frac{1}{3}$ et $\frac{2}{3}$. Pour tester si les données sont en accord avec la théorie, K. Pearson a proposé la statistique du khi-deux

$$S = \sum_{i=1}^{k} \frac{(O_i - E_i)^2}{E_i}, \tag{1.1}$$

ou O_i est le nombre d'objets du i[e] type et $E_i = np_i$ le nombre espéré sous la théorie. La statistique S est une variable aléatoire. Si l'hypothèse nulle

$$H_0 : \text{probabilité de l'i}^{\text{e}} \text{ classe} = p_i \quad (i = 1, 2, \ldots, k)$$

est vraie, le résultat de la classification observée se situe dans un intervalle raisonnable autour de la classification théorique. Sous cette condition, la loi de S est approximativement une loi khi-deux avec $k - 1$ degrés de liberté. C'est ce qu'on appelle la *loi nulle* de ce test.

Dans l'exemple, on trouve

$$S = \tfrac{(193-565/3)^2}{565/3} + \tfrac{(372-2\times565/3)^2}{1130/3} = 0,173.$$

Cette valeur correspond au quantile $0,322$ de la loi khi-deux avec un seul degré de liberté, χ_1^2. Si on suppose que la répartition théorique soit la vraie répartition, l'événement $S = 0,173$ n'est donc pas du tout surprenant et montre que l'accord entre les données et la théorie de Mendel est tout à fait satisfaisant.

Si la théorie est fausse, la valeur de S devient grande car O_i et E_i peuvent être assez différents. On dit qu'une valeur de S est *significative*, si

$$\text{p-valeur} = P(X > S) < 0,05,$$

ou $X \sim \chi_{k-1}^2$ suit la loi nulle. Cela se produit lorsque S est loin dans la queue de la distribution χ_{k-1}^2.

1.1.3 Gènes, allèles, phénotypes et génotypes

Mendel appelait les causes génétiques des facteurs. Aujourd'hui, on les appelle *gènes*. Les caractères que Mendel choisissait sont appelés des *phénotypes*. Les copies des facteurs sont les *allèles*. Le mot allèle est utilisé pour indiquer deux choses. D'une part, un allèle est tout simplement une copie d'un gène. Ainsi, chaque individu est porteur de deux allèles chacun de nos deux parents nous a transmis un gène. D'autre part, le mot allèle signifie une variante d'un gène. Si j'ai le groupe sanguin O, par exemple, je sais que mes deux allèles du gêne ABO sont deux fois de la variante O. Deux allèles ne sont donc pas forcément égaux et si l'on a deux allèles différents d'un gène, on les note par exemple A et a ou A_1 et A_2, etc.

Les *gamètes* sont le véhicule de la transmission du génome de la génération parentale aux descendants. Les gamètes ont une seule copie du matériel génétique, ils sont dits *haploïdes*. Un individu est créé par la fusion de deux gamètes et chaque cellule (sauf les gamètes) contient donc deux copies de matériel génétique. Une cellule normale avec deux copies est appelée *diploïde*. La combinaison des deux variantes d'un gène que le descendant reçoit de ses parents est appelée son *génotype*. Le génotype d'un individu, pour un gène à deux variantes A et a, peut donc être soit AA, soit Aa, soit aa. Les deux types purs AA et aa sont dits *homozygotes*, l'autre étant dit *hétérozygote*. Par chance et par intuition, G. Mendel a choisi un gène dont le génotype a un effet immédiat et visible sur la plante adulte. L'apparence des graines est liée au génotype comme décrit au tableau suivant :

génotype	phénotype
aa	ridé
Aa, AA	lisse

Parce que Aa est lisse, même si une copie du gène a est présent, on dit que l'allèle a est *récessif*, tandis que l'allèle A est *dominant*.

1.2 Modèles stochastiques

La modélisation génétique fait appel de manière très naturelle à des processus aléatoires, car la sélection de deux gamètes avant leur union semble être une aventure pleine d'aléas. L'aléatoire joue un grand rôle tout d'abord dans la sélection des deux parents, ensuite – comme nous allons le voir plus tard – dans les détails de la construction des gamètes et, enfin, dans la vie quotidienne du nouvel être. Le modèle fondamental utilisé dans ce contexte est une simplification de la réalité, mais il est déjà assez riche.

Exemple 1.2 *Imaginons une population de taille constante, comprenant N individus dont les générations ne se chevauchent pas, donc ayant un rythme de vie parfaitement cyclique tel que les plantes annuelles. Les gamètes produits par les individus d'une génération s'unissent de manière complètement aléatoire pour créer les individus de la prochaine génération. On peut décrire ce processus par un schéma d'urne (fig. 1.2). L'urne contient tous les allèles d'une génération, donc un total de $2N$ boules. La prochaine génération est créée en tirant avec remise $2N$ fois dans cette urne. Le processus stochastique qui en résulte est dit le processus de Wright-Fisher.*

D'autres effets naturels, à part le mélange des génotypes, ont un caractère aléatoire, par exemple l'influence de l'environnement sur un individu et une

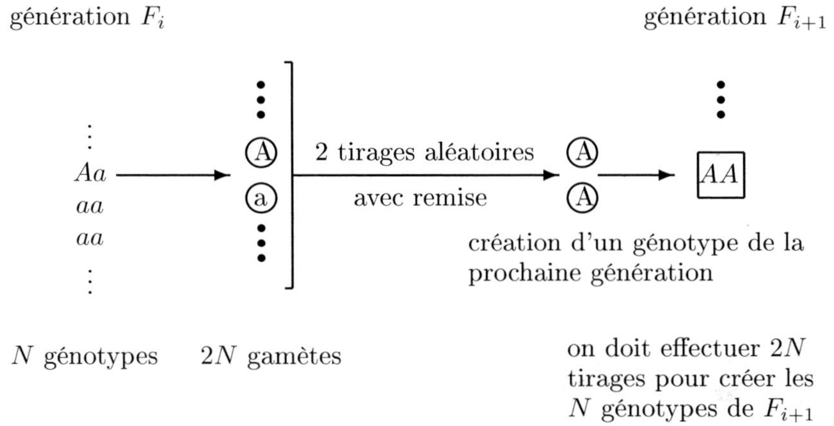

Figure 1.2 – Chaque individu de la présente génération est représenté par les deux gamètes qu'il peut produire. Les individus de la génération suivante ont un génotype créé par tirage aléatoire parmi tous ces gamètes. Le schéma ci-dessus montre la création d'un individu à génotype AA lors du passage entre générations i et $i+1$. Ce modèle simplifié de reproduction est nommé d'après S. Wright et R. A. Fisher.

population. Du fait de telles influences, des mutations se produisent dans le génome d'un individu. De telles mutations peuvent être bénéfiques en protégeant l'individu, dommageables en produisant des maladies, ou bien neutres. Modéliser l'émergence de mutations dans un individu et leur répartition et survie dans une population fait donc appel à des processus stochastiques.

Ces processus mutationnels peuvent également influencer la vie d'un individu. Dans le deuxième chapitre, nous étudierons le développement de tumeurs. Presque 90 % des patients qui souffrent d'une tumeur des poumons ont fumé. Mais seulement à peu près 10 % des fumeurs développent un tel cancer. Une explication de ces chiffres consiste à postuler un effet aléatoire assez important dans le développement de cette maladie.

1.3 Exercices

1. Dans son travail publié en 1865, Gregor Mendel a étudie la ségrégation de deux traits héréditaires de pois : la couleur (A jaune, a vert) et la forme (B lisse, b ridé). Ces génotypes différents donnent lieu à des phénotypes différents. Il a croisé le génotype AA, BB avec aa, bb, ce qui donnait une progéniture F_1 constituée uniquement de hétérozygotes dans les deux loci. En croisant la génération F_1 avec elle-même, il a obtenu pour la génération F_2 les fréquences suivantes :

	couleur		
forme	AA	Aa	aa
BB	38	60	28
Bb	65	138	68
bb	35	67	30

Donnez le tableau des probabilités théoriques des génotypes pour F_2 et effectuez un test du khi-deux.

2. (a) Soit un gène ayant n allèles $A_1, \ldots, A_n$. Combien de génotypes différents sont-ils possibles (dans le cas d'un organisme diploïde) ?

   (b) Généralisez le résultat au cas de M gènes avec $n_1, \ldots, n_M$ allèles respectifs.

3. Les génotypes des descendants d'un individu, pour un gène diploïde ayant 2 allèles A et a, sont soit AA, soit Aa, soit aa. Imaginons que deux parents, chacun avec le génotype hétérozygote Aa, aient un descendant.

   (a) Donnez tous les génotypes possibles du descendant et leurs probabilités.

   (b) Soit $A-$ l'événement que le descendant aie au moins une copie de l'allèle A. Calculez la probabilité de $A-$.

   (c) Considérons trois descendants des parents ci-dessus.

      i. Montrez toutes les combinaisons de génotypes possibles et calculez leur probabilité.

      ii. Quelle est la probabilité d'avoir deux génotypes $A-$ et un aa parmi ces descendants ?

   (d) Quelle la probabilité que, parmi douze descendants, 9 génotypes $A-$ et 3 génotypes aa soient représentés.

4. Dans une expérience, Charles Darwin a croisé des fleurs homozyogotes à forme normale avec des homozygotes à forme irrégulière. Toutes les fleurs obtenues étaient normales. Ensuite, il a croisé les fleurs F_1 entre elles et a trouvé 78% normales et 22% irrégulières. Comment expliquer ce résultat ?

Chapitre 2

Carcinogenèse

Les maladies cardio-vasculaires et le cancer sont les causes de décès les plus importantes dans beaucoup de pays développés. Chez les hommes, le cancer de la prostate, le cancer du poumon et le cancer du côlon et du rectum sont les plus fréquents. Chez les femmes, la liste contient le cancer du sein, le cancer du poumon et le cancer du côlon et du rectum. Le cancer le plus mortel est le cancer du poumon. Certains aspects physiologiques du cancer sont bien connus. Les cellules cancerigènes sont différentes des cellules normales. Elles sont dites *néoplasiques*. Leur croissance est dérégulée et elles formes des tumeurs. Il est possible de provoquer la création de certains cancers par un traitement de rayons UV ou gamma, par des infections virales, par l'exposition à certaines substances chimiques, etc. La forme néoplasique de la cellule se transmet aux cellules descendantes lors d'une division cellulaire. Pour que cela se produise, le génome de ces cellules malades ne doit pas être le même que celui des cellules normales. Le développement de cette maladie se fait donc au niveau cellulaire et touche d'une façon ou d'une autre la machine génomique de la cellule. L'importance des mutations dans le développement de tumeurs est démontrée par le fait qu'un bon nombre de substances mutagènes induisent la formation de tumeurs. En conclusion, il semble presque certain que les tumeurs sont dues à une déformation (mutation) du génome cellulaire.

Le cancer est également réputé être une maladie génétique dans un autre sens. Il semble que certains cancers arrivent fréquemment dans certaines familles et presque jamais dans d'autres. Ce phénomène d'une composante du risque qui est de nature familiale semble indiquer que certains allèles soit protègent soit sont dommageables pour l'individu.

Dans ce chapitre, nous allons découvrir des modèles stochastiques qui décrivent la naissance d'une tumeur dans un organe. Avec des données épidémiologiques qui comptent le nombre de cas en fonction de l'âge dans une population, on peut ajuster les paramètres de tels modèles et ainsi mieux comprendre les mécanismes de la carcinogenèse.

2.1 Modèles à une frappe

Les études sur la carcinogenèse ont pour origine des expériences sur les dangers de la radioactivité. Des souris exposées à des rayons gamma développaient une multitude de tumeurs, mais pas toujours les mêmes et pas toujours au même âge. Des modèles stochastiques pourraient expliquer ces résultats et ont été proposés depuis les années 1920. Si l'on postule qu'une particule gamma traversant le noyau d'une cellule peut amener une transformation permanente et héritable des propriétés de la cellule, on a le fondement d'une théorie. Si une seule frappe de ce genre suffit pour déclencher la maladie, on parle du modèle à une frappe ou bien du « *one-hit model* ».

La transformation permanente du génome à laquelle ce modèle fait appel est aujourd'hui appelée *mutation*. Nous allons maintenant étudier ce qui se passe sous ce modèle, si le taux de mutations est constant dans le temps. Soit donc λ le taux de mutations, par unité de temps et par cellule. L'interprétation habituelle d'un tel taux consiste à dire que si $M(t)$ est égal au nombre de cellules mutées à l'âge t, alors

$$M(t + dt) = M(t) + \lambda(N - M(t))\, dt + o(dt), \tag{2.1}$$

où N est le nombre de cellules de l'organe, $N - M(t)$ est le nombre de cellules normales et $o(dt)$ est un terme qui vérifie $o(dt)/dt \to 0$ lorsque $dt \to 0$. De (2.1) on déduit que $M'(t) = \lambda(N - M(t))$ ou bien $\frac{d}{dt} \ln(N - M(t)) = -\lambda$. Sous condition initiale $M(0) = 0$, la solution est

$$\begin{aligned} \ln(N - M(t)) &= \text{constante} - \lambda\, t \\ M(t) &= N - e^{\text{constante}}\, e^{-\lambda\, t} \\ M(t) &= N\left(1 - e^{-\lambda\, t}\right). \end{aligned}$$

Le traitement ci-dessus nous fournit uniquement le nombre moyen de cellules mutées. Pour des petites valeurs du taux λ, ce nombre moyen augmente linéairement, $M(t) \approx N\lambda t$. Dans le contexte de la carcinogenèse, cette analyse est insuffisante, car d'autres questions sont plus importantes. On aimerait en particulière connaître la probabilité que l'organe échappe aux frappes.

Soit $S(t)$ la probabilité qu'un individu sujet à ce processus de transformation n'ait pas développé la maladie jusqu'à l'âge t. Cette fonction est appelée *fonction de survie*. Cette fois, notre interprétation du taux λ sera la suivante. Durant un intervalle de courte durée $0 < dt$ et dans un organe à N cellules normales, trois événements peuvent se produire :

1. aucune cellule ne mute, avec probabilité $1 - N\lambda\, dt + o(dt)$;
2. exactement une cellule mute, avec probabilité $N\lambda\, dt + o(dt)$;
3. deux ou plusieurs cellules mutent, avec probabilité $o(dt)$.

Ces probabilités s'appliquent indépendamment de l'âge de l'individu. Pour la fonction de survie $S(t)$, elles nous disent que

$$S(t + dt) = S(t)(1 - N\lambda\, dt + o(dt)), \tag{2.2}$$

car survivre sans aucune cellule mutée jusqu'à l'âge $t + dt$ n'est possible que si l'individu ne possède aucune cellule mutée jusqu'à l'âge t et si aucune des N cellules subit une mutation dans l'intervalle $(t,\, dt + t)$. Ces deux événements sont indépendants, ce qui veut dire que les probabilités se multiplient. Cela explique (2.2) et il en découle :

$$\frac{d}{dt}\, S(t) = \lim_{dt \to 0} \frac{S(t + dt) - S(t)}{dt} = -N\lambda\, S(t),$$

c'est-à-dire $S(t) \propto \exp(-N\lambda t)$. La condition initiale $S(0) = 1$ nous amène à

$$S(t) = e^{-N\lambda t} \quad (\lambda > 0,\ t \geq 0). \tag{2.3}$$

Le temps T jusqu'à l'occurence de la première cellule mutée est appelé le temps de survie. Il s'agit d'une variable aléatoire (v.a.) qui vérifie $P(T > t) = S(t)$ et dont la densité est $f(t) = -S'(t) = N\lambda e^{-N\lambda t}$. Une telle v.a. est dite *exponentielle* avec paramètre $N\lambda$. Nous indiquons ce fait en écrivant $T \sim \mathcal{E}(N\lambda)$. Un calcul élémentaire montre que l'espérance et l'écart-type du temps de survie sont tous les deux $1/(N\lambda)$.

Par la même méthode, on peut également calculer l'espérance du nombre de cellules mutées. Si $I(t)$ est le nombre de telles cellules et $M(t) = E(I(t))$ son espérance, on a les probabilités conditionnelles suivantes :

1. $P(I(t + dt) = I(t) | I(t)) = 1 - (N - I(t))\lambda\, dt + o(dt)$;
2. $P(I(t + dt) = I(t) + 1 | I(t)) = (N - I(t))\lambda\, dt + o(dt)$;
3. $P(I(t + dt) > I(t) + k | I(t)) = o(dt)$ $(k \geq 2)$.

Cela décrit un processus Markovien, parce que, à part le nombre de cellules mutées $I(t)$, aucune mention n'est faite du passé. Le fait que récemment une cellule a muté ou que depuis longtemps aucune mutation n'a eu lieu n'influence pas la probabilité qu'une mutation se produise dans l'instance à venir. Sous ce régime, on peut démontrer que le temps entre mutations suit une loi exponentielle. Pour l'espérance $M(t)$, on trouve

$$\begin{aligned} M(t + dt) &= E(I(t + dt)) = E(E((I(t + dt) \mid I(t))) \\ &= E((N - I(t))\lambda\, dt(I(t) + 1) + (1 - (N - I(t))\lambda\, dt)\, I(t) + o(dt)) \\ &= M(t) + \lambda\, dt(N\, M(t) + N - M(t) - N\, M(t)) + o(dt). \end{aligned}$$

Il en découle que

$$\lim_{dt \longrightarrow 0} \frac{M(t + dt) - M(t)}{dt} = (N - M(t))\lambda.$$

On retrouve donc (2.1), dont la solution, sous condition $M(0) = 0$, est

$$M(t) = N(1 - \exp(-\lambda t)).$$

2.1.1 Survie et risque

Soit T la durée de vie jusqu'au moment de l'occurence de la première mutation. La fonction de répartition $F(t)$ et la densité $f(t)$ de la v.a. T sont liées à la fonction de survie par les formules $F(t) = P(T \leq t) = 1 - S(t)$ et $f(t) = dF/dt = -dS/dt$ de la variable aléatoire T. Dans le modèle à une frappe à taux de mutation constant, T suit une loi exponentielle avec paramètre $N\lambda$.

Une autre description de l'occurence de cancers se base sur *fonction de risque* ou le *taux d'incidences*

$$\lambda(t) = \lim_{dt \to 0} \frac{P(T \leq t + dt | T > t)}{dt} = \lim_{dt \to 0} \frac{S(t) - S(t + dt)}{S(t)dt} = -\frac{d}{dt} \ln(S(t)). \tag{2.4}$$

La formule montre que $\lambda(t)$ est le taux de mutation à l'âge t, sous condition de survivre jusqu'à t. Pour le modèle à une frappe, le risque est constant durant toute la vie de l'individu

$$\lambda(t) = \lim_{dt \to 0} \frac{\exp(-N\lambda t) - \exp(-N\lambda(t + dt))}{\exp(-N\lambda t)dt} = N\lambda.$$

Pour construire un estimateur statistique du taux d'incidence, on doit disposer, d'un côté, d'un recensement de la population qui indique le nombre de personnes vivantes et, de l'autre côté, d'un registre de cancer qui contient des statistiques sur le nombre d'incidences. Le rapport

$$\frac{\text{nombre d'incidences de personnes entre 55 et 60 ans}}{\text{nombre de personnes vivantes entre 55 et 60 ans}}$$

estime le risque sur une durée de cinq ans pour les personnes de $57\ \frac{1}{2}$ ans. Si on veut le risque annuel, il faut diviser par cinq. Le risque est ainsi estimé par les incidences relatives à la population à risque. Pour tester si le modèle à une frappe s'ajuste à des données, deux possibilités s'offrent. Le graphique de $\ln(S(t)$ en fonction de l'âge t doit être linéaire. Le graphique de $\lambda(t)$ en fonction de l'âge, en revanche, doit être constant.

Exemple 2.1 *Le site* `www.cdc.gov/cancer/npcr/uscs/` *est une bonne source de données sur la mortalité due à des tumeurs aux États-Unis. En principe, notre modèle concerne les incidences de la maladie et non pas les décès dus à la maladie. Toutes les incidences qui n'ont pas été fatales et toutes celles qui n'ont jamais été décernées ne figurent pas dans la statistique de mortalité. Néanmoins, il est utile de se faire une idée sur la base de la mortalité. La figure 2.1 illustre la mortalité en fonction de l'âge. Cette fonction est calculée en divisant le nombre de décès dus aux tumeurs à un certain âge par le nombre de personnes vivantes de cet âge. Elle correspond donc exactement à notre fonction de risque.*

Il est évident que le modèle à une frappe est beaucoup trop simpliste. Au lieu d'un risque constant, le cancer est une maladie qui se manifeste surtout entre les âges de 60 et 85 ans.

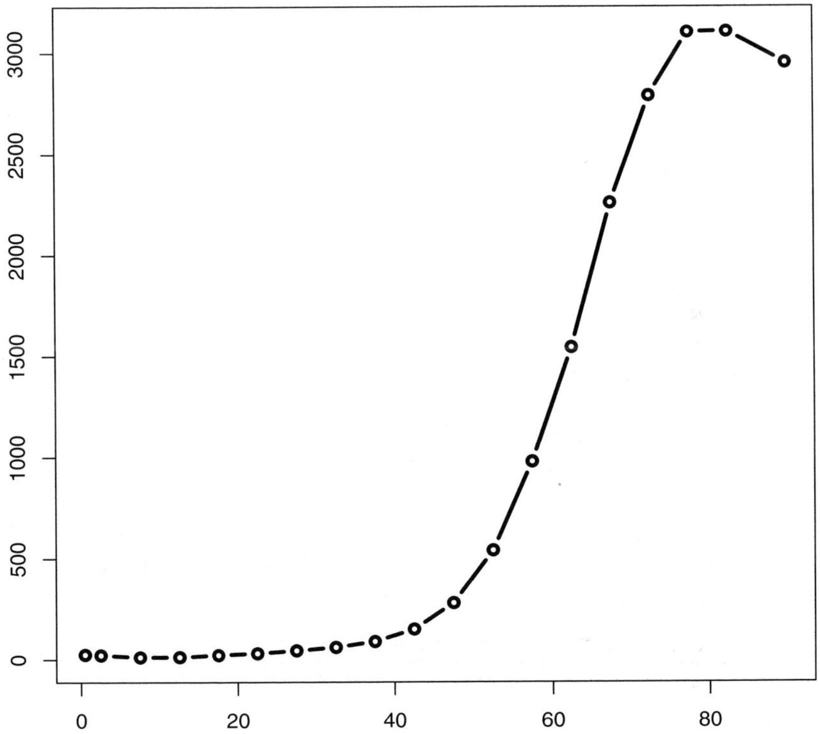

Figure 2.1 – Estimation du taux de mortalité dû à des tumeurs aux États-Unis. Les chiffres indiquent le nombre de décès par 100 000 hommes.

Exemple 2.2 *White et al., 1967, ont présenté des résultats sur la fréquence de tumeurs développées par des souris traitées à l'uréthane (Tab. 2.1). Le modèle exponentiel prévoit un taux d'incidence constant, indépendant de la durée du traitement. Il est évident que cela n'est pas vérifié, sauf dans les cas de dosages faibles.*

Les deux exemples montrent que le modèle à une frappe est simpliste.

2.1.2 Modèles en temps discret

On peut également présenter les modèles de la carcinogénèse en temps discret. Cette approche semble assez naturelle car la division cellulaire est un

Table 2.1 – La première colonne montre la dose d'uréthane (une substance connue comme étant cancérigène) injectée à des souris. La première ligne compte les jours entre la première injection et le sacrifice des souris. Les entrées sont de la forme c/n où n est le nombre de souris et c le nombre de souris qui ont développé une tumeur.

dose	8	12	16	20	24
1,000	5/10	10/10	10/10	10/10	10/10
0,500	7/10	10/10	9/10	10 /10	9/9
0,250	3/10	10/10	9/10	10/10	10/10
0,125	0/10	3/10	7/10	10/10	8/9
0,0625	5/10	4/10	5/10	4/10	6/10

phénomène cyclique et la fixation de mutations dans le génôme de cellules est postulée comme étant à l'origine de la maladie. Supposons donc que chaque cellule effectue τ divisions par an et que les cellules vivent de manière synchronisée. Dans ce cas, une cellule avec exactement t années de vie a effectué $k = \langle t\tau \rangle$ (arrondi vers le bas) divisions. Pour que le nombre N de cellules reste constant, il faut imaginer que, lors d'une division, une seule nouvelle cellule est créée et non pas deux. Au lieu de division cellulaire, il faudrait donc parler de remplacements.

Le modèle à une seule mutation en temps discret a comme paramètre de base

$$p_{\text{mut}} = P(\text{une cellule mute lors d'une division}).$$

Ce paramètre p_{mut} est le *taux de mutations par division*. Si l'on suppose que les N cellules de l'organe agissent indépendamment, on a :

$$\begin{aligned} S(k) &= P(\text{aucune cellule n'a muté après } k \text{ divisions}) \\ &= (1-p)^{Nk} = \exp(Nk\ln(1-p)) \\ &= 1 - Nkp + (Nkp^2/2 + N^2k^2p^2/2) + o(Nkp^3) \\ &= 1 - Nkp + o(N^2k^2p^2), \end{aligned}$$

où $S(k)$ est la fonction de survie qui s'applique aux cellules avec k divisions achevées et en attente de la $(k+1)^e$.

Le risque d'une frappe entre ces deux divisions est

$$h(k) = \frac{-S(k+1) + S(k)}{S(k)} = 1 - \frac{S(k+1)}{S(k)}, \tag{2.5}$$

d'où l'on obtient l'expression inverse

$$S(k) = \prod_{j=1}^{k-1}(1 - h(j)).$$

Le modèle à une frappe correspond à

$$h(k) = \frac{-(1-p)^{N(k+1)} + (1-p)^{Nk}}{(1-p)^{Nk}} = 1 - (1-p)^N = Np + O(N^2p^2).$$

Dans une situation réaliste, Np est d'ordre 10^{-3} et le terme $O(N^2p^2)$ est négligeable. Aux âges $t = k/\tau$, la fonction de risque vaut donc

$$\lambda(t) = Np\tau.$$

En posant $\lambda = p_{\text{mut}}\tau$, cette fonction est égale au risque pour le processus en temps continu que nous avons discuté à la section 2.1. Pour avoir cette égalité, le taux de création de mutations par année doit être égal au produit du taux par division par le nombre annuel de divisions, ce qui semble logique.

2.2 Modèle à multiples (m) frappes

2.2.1 Modèles à deux frappes en temps continu

Pour généraliser le modèle à une frappe, on peut considérer tout d'abord celui à deux frappes (« *two-hit model* »). Les deux frappes semblent être une idée naturelle pour la raison suivante. Supposons qu'un gène X joue un rôle clé dans la protection de la cellule contre le cancer. Pour inactiver X dans un individu qui possède deux copies de X, il faut au moins deux mutations, car les deux copies doivent être inactivées. Ces gènes protecteurs ont d'ailleurs été découverts pour certains cancers et ils sont appelés anti-oncogènes ou gènes suppresseurs de tumeurs. Notons l'allèle actif $+$ et l'allèle inactif $-$. Diverses mutations du gène X peuvent l'inactiver et, en cancérologie, on ne parle donc pas d'une mutation particulière, mais plutôt d'une classe de mutations d'un certain effet. Si une cellule subit deux mutations inactivantes, le génotype $++$ (les deux allèles sont actifs) d'une cellule peut être modifié en $--$ (les deux allèles sont inactivés).

Nous supposons que l'organe est composé de N cellules et que nous appelions $I(t)$ le nombre de cellules qui ont été frappées une fois et qui ont le génotype hétérozygote $+-$. Comme auparavant, soit

$$S(t) = P(\text{aucune cellule } -- \text{ n'existe à l'âge } t)$$

et

$$S(t+dt) = P\big(\text{aucune cellule } -- \text{ jusqu'à l'âge } t \\ \text{et aucune création de cellule } -- \text{ entre } t \text{ et } t+dt\big).$$

Si l'on suppose que le mécanisme est Markovien, on peut à nouveau séparer la période de temps jusqu'à t et la période entre t et $t + dt$. On obtient ainsi la formule suivante :

$$S(t+dt) = S(t) \times P\Big(\text{aucune cellule } -- \text{ entre } t \text{ et } t + dt \Big| \text{ aucune cellule } -- \text{ jusqu'à l'âge } t\Big).$$

Cette fois, la probabilité d'une création de cellules cancérigènes dépend de la valeur $I(t)$. En conditionant sur la valeur de $I(t)$, on trouve

$$P(\text{une cellule } -- \text{ est créée entre } t \text{ et } t+dt \mid I(t)) = \lambda I(t)dt + o(dt),$$

où λ est le taux de mutation par allèle et par année. La substitution dans l'expression précédente donne

$$\begin{aligned} S(t+dt) &= S(t)E(1-\lambda I(t)dt + o(dt)) \\ &= S(t)(1-\lambda E(I(t))dt + o(dt)). \end{aligned} \tag{2.6}$$

De notre analyse du modèle à une frappe, nous savons que $I(t)$ suit une loi de Poisson avec espérance $N\lambda t$. Parce que, cette fois, λ est le taux par allèle et que chaque cellule porte deux allèles, une cellule $+-$ peut être créée de deux façons. Il faut donc multiplier $N\lambda t$ par deux pour obtenir $E(I(t))$. On a donc

$$S(t+dt) = S(t)(1-2N\lambda^2 t dt + o(dt))$$

$$\frac{S(t+dt)-S(t)}{S(t)dt} = -2N\lambda^2 t + \frac{o(dt)}{dt}.$$

En prenant la limite lorsque $dt \to 0$, on a

$$\lambda(t) = -\frac{d}{dt}\ln S(t) = 2N\lambda^2 t \Longrightarrow S(t) = e^{-N\lambda^2 t^2}. \tag{2.7}$$

Le taux d'incidence de ce modèle à deux frappes est une fonction linéaire de l'âge t.

Exemple 2.3 *Si l'on suppose que la première mutation peut être distinguée de la seconde et que les deux taux sont distincts et égaux à λ_1 et λ_2, la formule devient*

$$\lambda(t) = 2N\lambda_1\lambda_2 t.$$

Si l'ordre dans lequel les mutations se produisent est toujours le même, le facteur 2 n'est pas présent.

2.2.2 Temps de survie

Une troisième preuve des formules (2.3) et (2.7) pour la fonction de survie du modèle à une frappe se base sur une analyse du temps de survie des cellules individuelles. Soit $T_1, T_2, \ldots, T_N$ les temps de survie des cellules $1, 2, \ldots, N$ de l'organe en question. Si le nombre de frappes nécessaires est égal à $m = 1$, le temps de survie de l'organe est

$$T = \min(T_1, T_2, \ldots, T_N),$$

car la première occurence dans l'une des cellules est suffisante pour déclencher la tumeur.

Exemple 2.4 *Pour une seule cellule, le temps jusqu'à l'occurence de la mutation est $T_i \sim \mathcal{E}(\lambda)$, c'est-à-dire que le temps T_i suit une loi exponentielle et vérifie $P(T_i > t) = e^{-\lambda t}$. De plus $T_1, \ldots, T_N$ sont indépendants. Il en découle :*

$$\begin{aligned} S(t) &= P(T > t) \\ &= P(T_1 > t, \ldots, T_n > t) \\ &= P(T_1 > t)^N \\ &= e^{-N\lambda t}. \end{aligned}$$

Pour généraliser cet argument au cas de deux frappes, il faut d'abord trouver les propriétés de T_i, la durée de vie d'une cellule jusqu'à la deuxième frappe. Soit T_i^a, T_i^b les temps de survie des deux allèles de la cellule. Le temps jusqu'à la deuxième frappe vérifie

$$T_i = \max\left(T_i^a, T_i^b\right).$$

En supposant que les deux temps T_i^a et T_i^b soient exponentiels et indépendants, la fonction de répartition de cette variable aléatoire est

$$\begin{aligned} F_i(t) &= P(T_i \leq t) \\ &= P(T_i^a \leq t, T_i^b \leq t) \\ &= P(T_i^a \leq t)P(T_i^b \leq t) \\ &= (1 - e^{-\lambda t})^2. \end{aligned}$$

Pour la fonction de survie, on trouve

$$S_i(t) = 1 - F_i(t) = 1 - (1 - e^{-\lambda t})^2 = 2e^{-\lambda t} - e^{-2\lambda t} = e^{-\lambda t}\left(2 - e^{-\lambda t}\right).$$

Pour des petits taux de mutations λ, on peut utiliser le développement limité de la fonction exponentielle $e^{-\lambda t} = 1 - \lambda t + \lambda^2 t^2/2 + o(\lambda^2 t^2)$. En substituant dans la formule pour la fonction de survie, on obtient une expression plus simple $S_i(t) = P(T_i > t) = (1 + \lambda t - \lambda^2 t^2/2)e^{-\lambda t}$.

Le temps de survie de l'organe avec N cellules est à nouveau le maximum de N telles variables aléatoires indépendantes et sa fonction de survie vérifie

$$S(t) = \left(S_i(t)\right)^N = e^{-N\lambda t}(1 + \lambda t - \lambda^2 t^2/2)^N = e^{-N\lambda t + N\ln(1+\lambda t - \lambda^2 t^2/2)}.$$

En utilisant le développement limité

$$\ln(1 + x) = x - x^2/2 + o(x^2),$$

on démontre la formule suivante :

$$\begin{aligned} S(t) &= e^{-N\lambda t} e^{N\lambda t - N\lambda^2 t^2/2 - N\lambda^2 t^2/2} \\ &= e^{-N\lambda^2 t^2}, \end{aligned}$$

avec une erreur d'ordre $o(\lambda^2 t^2)$. On constate que T_i suit une loi de Weibull avec un taux d'incidence qui augmente linéairement avec l'âge $-\frac{d}{dt}\ln(S(t)) = 2N\lambda^2 t$.

Définition 2.1 *Soit T une variable aléatoire positive. On dit que T suit une loi de Weibull si la fonction de survie est de la forme*

$$S(t) = P(T > t) = \exp\left(-(t/b)^m\right) \quad m > 0,\ b > 0\,.$$

La constante b est la durée de vie caractéristique et correspond au 63 %-quantile de la loi.

La fonction de risque est $-\frac{d}{dt}\ln(S(t)) = mt^{m-1}/(b^m)$.

Sous le modèle à deux frappes, le temps de survie d'un organe est Weibull avec $m = 2$. La durée de vie caractéristique est

$$\frac{1}{\lambda}\left(\frac{1}{N}\right)^{1/2}.$$

Les quantiles du modèle à une frappe sont proportionnels à $\frac{1}{\lambda N}$ et donc beaucoup plus petits.

2.2.3 Modèle à m frappes en temps continu

Dans le modèle général à multiples frappes, il faut m mutations se produisant toutes au taux λ pour transformer une cellule normale en cellule cancérigène. Supposons que l'ordre des mutations soit fixé à l'avance, par exemple $1 \longrightarrow 2 \longrightarrow \cdots \longrightarrow m$. Nous aurons besoin de la variable aléatoire $I_j(t)$ qui compte les cellules ayant subi les mutations 1 jusqu'à j et son espérance $M_j(t) = E(I_j(t))$. En analogie avec (2.6), la fonction de survie vérifie :

$$S(t+dt) = S(t)\left(1 - M_{m-1}(t)\lambda dt + o(dt)\right)$$

$$-\frac{S(t+dt) - S(t)}{S(t)dt} = M_{m-1}(t)\lambda + \frac{o(dt)}{dt}\,.$$

En passant à la limite, on a donc

$$\lambda(t) = \lambda M_{m-1}(t) \quad \text{et} \quad S(t) = \exp\left(-\lambda\int_0^t M_{m-1}(u)du\right). \tag{2.8}$$

La dynamique des variables aléatoires I_j est simple. Si l'on compare $I_j(t+dt)$ à $I_j(t)$, il n'y a que deux possibilités si dt est petit. Soit $I_j(t+dt) = I_j(t)+1$, soit $I_j(t+dt) = I_j(t)$. L'espérance $M_j(t)$ à son tour vérifie

$$\begin{aligned} M_j(t+dt) &= E\left(I_j(t+dt)\right) \\ &= E\left(E\left(\lambda I_{j-1}(t)dt\left(I_j(t)+1\right)+\left(1-\lambda I_{j-1}(t)dt\right)I_j(t)+o(dt)\right)\right) \\ &= \lambda M_{j-1}(t)dt + M_j(t) + o(dt). \end{aligned}$$

Il s'ensuit que

$$\begin{aligned} M'_j(t) &= \lambda M_{j-1}(t) \\ M_j(t) &= \lambda \int_0^t M_{j-1}(u)dt. \end{aligned} \tag{2.9}$$

À la naissance, aucune cellule portant une ou plusieurs mutations n'est présente dans l'organe et $M_0(t) = N$. La solution du système précédent est alors $M_j(t) = \lambda^j N t^j/(j!)$, tandis que le risque et la fonction de survie sont égaux à :

$$\lambda(t) = \lambda^m N t^{m-1}/(m-1)! \quad \text{et} \quad S(t) = \exp\left(-\lambda^m N t^m/m!\right).$$

Les modèles à multiples frappes ont la forme assez simple de la courbe des incidences en fonction de l'âge. En prenant le logarithme, la forme de cette courbe est linéaire en log-âge :

$$\ln(\lambda(t)) = (m-1)\ln(t) + \text{constante}. \tag{2.10}$$

Pour que le modèle à multiples frappes s'applique à des données, le graphique du logarithme de l'incidence en fonction du logarithme de l'âge devrait montrer approximativement une droite avec pente égale à $(m-1)$.

Exemple 2.5 *La figure 2.2 montre les données de l'exemple 2.1 sous l'optique du modèle à multiples frappes. Le graphique à l'échelle logarithmique ne contient pas une seule partie linéaire, mais plutôt deux. Jusqu'à trente ans, la pente est environ 1,5 (entre deux et trois frappes) ; après, elle s'accroît et sa valeur est environ 6 (sept frappes). Mais, il ne faut pas oublier que cet exemple concerne la mortalité due à toutes formes de cancer. On doit donc s'attendre à un mélange du nombres de frappes.*

Jusqu'ici, nous avons travaillé sous l'hypothèse que les mutations arrivent dans un seul ordre. Si les m frappes peuvent survenir dans un ordre quelconque, il faut multiplier $\lambda(t)$ (2.11) par le nombre d'ordres possibles ($m!$). La fonction de risque devient

$$\lambda(t) = mN\lambda^m t^{m-1} \quad \text{et} \quad S(t) = \exp\left(-N\lambda^m t^m\right) = e^{-M_m(t)}. \tag{2.11}$$

Ce changement n'a aucun effet sur le graphique à l'échelle logarithmique.

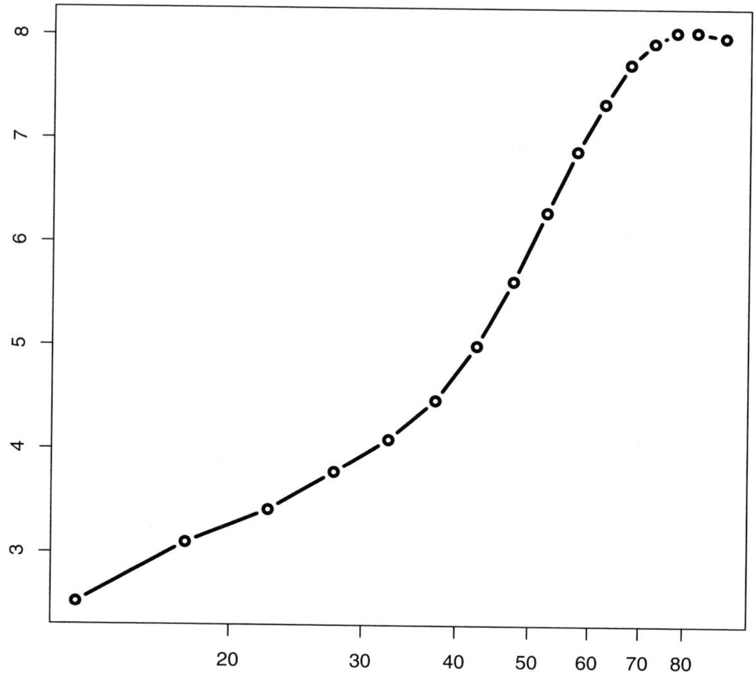

Figure 2.2 – La mortalité de la figure 2.1 à l'échelle logarithmique. Aussi bien la mortalité que l'âge doivent être mis à cette échelle.

On peut légèrement généraliser le modèle en supposant que les taux de mutation ne sont pas égaux. Soit $\lambda_1, \lambda_2, \ldots, \lambda_m$ les divers taux. Il est facile de deviner le résultat final

$$\lambda(t) = mN\lambda_1 \cdots \lambda_m t^{m-1}.$$

La figure 2.3 illustre les différences entre diverses valeurs de m.

2.2.4 Modèle à deux frappes en temps discret

À la naissance, l'organe consiste en N cellules à génotype $++$. Les cellules font τ remplacements par an et, lors de chaque remplacement, une mutation $+ \to -$ survient avec probabilité p par allèle. Soit l'événement

$$A(k) = \{\text{aucune cellule } -- \text{ n'existe après } k \text{ cycles de remplacement}\}.$$

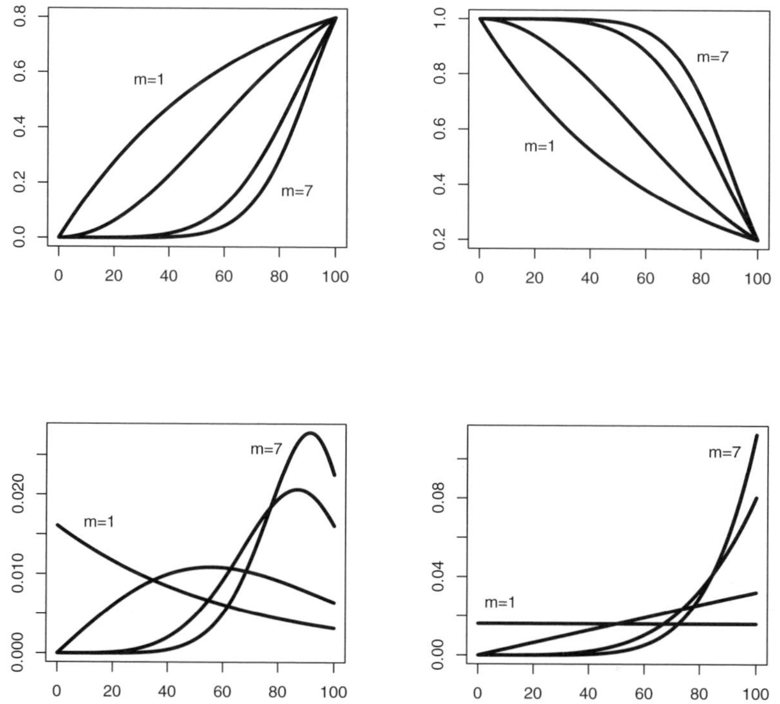

Figure 2.3 – Les quatre cellules contiennent les graphiques de la fonction de répartition, de la fonction de survie $S(t) = e^{-N\lambda^m t^m}$, de la densité et de la fonction de risque. Les nombres de frappes sont $m = 1, 2, 5$ et 7. Les autres paramètres sont $N = 10^7$ et $\lambda = 1,6 \times 10^{-9}$, 4×10^{-6}, $4,3 \times 10^{-4}$ et 1×10^{-3}.

La fonction de survie vérifie $S(k) = P(A(k))$. Pour la calculer, il faut compter le nombre de cellules hétérozygotes $+-$, porteuses d'une seule mutation. Soit le nombre de cellules hétérozygotes après k cycles $I(k)$. Parce que la probabilité p est typiquement très petite et N est grand, le nombre de nouvelles cellules hétérozygotes $+-$ créées lors de chaque remplacement est proche d'une variable binomiale $(I(k) - I(k-1) \sim \mathcal{B}(N, 2p)$ et d'un cycle de remplacement à l'autre, ces variables sont indépendantes. Le facteur de 2 est créée par le choix entre les deux allèles. En connaissant le nombre de cellules hétérozygotes, la probabilité conditionnelle de $A(k)$, en sachant le nombre de cellules intermédiaires, vaut :

$$\begin{aligned}&P(A(k)|I(i), \text{ pour } i = 1, \ldots, k-1)\\&= (1-p)^{(k-1)I(1)}(1-p)^{(k-2)(I(2)-I(1))} \times \cdots \times\\&(1-p)^{I(k-1)-I(k-2)},\end{aligned} \tag{2.12}$$

avec des exposants binomiaux indépendants. Cette formule se justifie par la nécessité que les $I(1)$ cellules hétérozygotes créées lors du premier cycle doivent traverser les autres $(k-1)$ cycles de remplacement sans mutations supplémentaires. De même, les cellules créées lors de l'i^e cycle doivent traverser $(k-i)$ cycles sans aucune mutation. La probabilité pour la deuxième mutation est égale à p, car un des allèles est déjà transformé et un seul choix reste. L'espérance $E(P(A(k)|I(i), \text{ pour } i = 1, \ldots, k-1)$ fait appel à la fonction génératrice.

Définition 2.2 *Soit X une variable aléatoire discrète qui prend des valeurs en $\mathbb{N} = \{0, 1, 2, \ldots\}$. La fonction*

$$\phi_X(u) = E(u^X) = \sum_{i=0}^{\infty} P(X = i)u^i$$

est dite fonction génératrice.

Pour les variables binomiales $(I(k) - I(k-1))$, on a le résultat suivant :

Lemme 2.1 *Soit une variable aléatoire binomiale $X \sim \mathcal{B}(N, 2p)$. Sa fonction génératrice est :*

$$\phi_X(u) = E(u^X) = (1 - 2p + u\,2p)^N .$$

Preuve. La définition de l'espérance montre que

$$\begin{aligned}E(u^X) &= \sum_{l=0}^{N} \binom{N}{l} (2p)^l\, u^l\, (1-2p)^{N-l}\\&= (1 - 2p + u\,2p)^N.\end{aligned}$$

À l'aide de cette formule, le calcul de $S(k)$ devient :

$$\begin{aligned}S(k) &= E(P(A(k) \mid I(i),\ i = 1, \ldots, k-1))\\&= \phi_X((1-p)^{(k-1)}) \times \phi_X((1-p)^{(k-2)}) \times \cdots \times \phi_X(1-p)\\&= (1 - 2p + 2p(1-p)^{k-1})^N \times \cdots \times (1 - 2p + 2p(1-p))^N\\&= \Big[(1 - 2p + 2p(1-p)^{k-1}) \times (1 - 2p + 2p(1-p)^{k-2}) \times \cdots\\&\qquad \times (1 - 2p + 2p(1-p))\Big]^N .\end{aligned}$$

Pour p petit, les facteurs de ce produit sont approchés par $(1-2p+2p(1-p)^j) = (1 - 2p + 2p(1 - jp)) + o(p^2) = 1 - 2jp^2 + o(p^2)$ pour $j = 1, \ldots, k-1$. Si on introduit cette simplification et en négligeant tous les termes d'ordre p^3, p^4, etc. on a

$$\begin{aligned} S(k) &= \left[(1-2(k-1)p^2)(1-2(k-2)p^2)\cdots(1-2p^2)\right]^N \\ &= \left[1-2p^2((k-1)+(k-2)+\cdots+1)\right]^N \\ &= 1-p^2k(k-1)N. \end{aligned}$$

Le risque en fonction du nombre ce cycles de remplacements vaut donc

$$\begin{aligned} h(k) &= \frac{S(k)-S(k+1)}{S(k)} = 1-\frac{S(k+1)}{S(k)} \\ &= 1-\frac{1-p^2k(k+1)N}{1-p^2k(k-1)N} \\ &= 1-\left(1-p^2k(k+1)N\right)\left(1+p^2k(k-1)N\right) \\ &= Np^2\left(k(k+1)-k(k-1)\right) = 2Nkp^2. \end{aligned}$$

Dans ces formules, nous avons à nouveau négligé tous les termes en p^3, p^4, etc. et nous avons utilisé le développement limité $1/(1-x) = 1+x+o(x)$.

Exprimé en fonction de l'âge $t = k/\tau$ on a $h_t = 1 - \frac{S(t\tau+\tau)}{S(t\tau)}$. Il en découle la formule

$$h_t = 2N(p\tau)^2t + Np^2\tau(\tau-1), \tag{2.13}$$

essentiellement le même résultat que (2.7).

2.3 Modèles à deux étapes

La mortalité due à des cancers dans des populations humaines ne se conforme pas aux modèles à frappes multiples. Typiquement, la mortalité à des âges inférieurs à 40 ans est quasi-nulle et augmente rapidement entre 60 et 80 ans. Cela implique d'une part une valeur assez élevée du nombre m de frappes, et d'autre part un très faible taux mutationnel λ. Sous ces conditions, le modèle à multiples frappes ne peut pas obtenir une incidence de la maladie suffisamment élevée pour expliquer les risques observés dans la population humaine. De ces faits est venue l'idée que le comportement des cellules change avec l'âge et/ou que l'influence de facteurs externes dépend de l'âge (voir par exemple Armitage et Doll, 1954). Si les cellules intermédiaires dans le modèle à multiple frappes étaient hyper-mutables (taux λ élevé), on obtiendrait de meilleurs résultats. Une autre possibilité, confirmée par des observations cliniques, est un dérèglement par étapes de la croissance cellulaire. Dans un tel modèle, les cellules intermédiaires ont une croissance plus grande que normale, forment des tumeurs bénigne et peuvent accélérer le développement du cancer. Cette généralisation du modèle à multiples frappes a été proposée par Knudson et Moolgavkar sous le nom « modèle à deux étapes » :

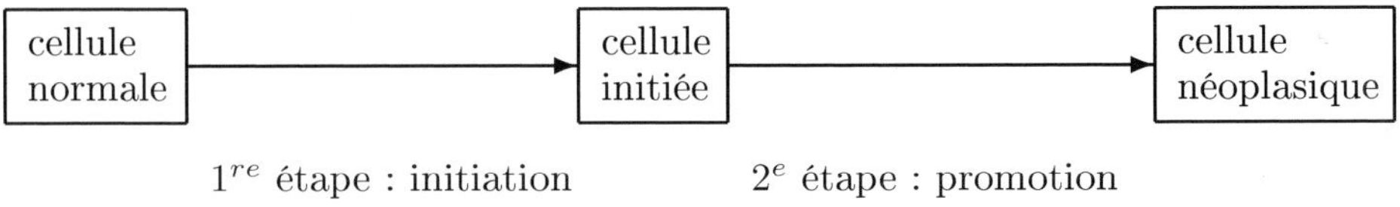

Figure 2.4 – Le modèle de la genèse du cancer en deux étapes. Avec une petit probabilité, une cellule normale peut se transformer en cellule initiée. Les cellules initiée sont différentes des cellules normales et la deuxième étape, qui crée la tumeur, se manifeste uniquement parmi les cellules initiées.

- l'initiation : une suite de mutations transforme une cellule normale en cellule précancérigène ou dysplasique ;
- la promotion : un changement génétique ou épigénétique (un changement héritable, mais non pas codé au niveau de l'ADN) ; cet événement transforme les cellules initiées en cellules néoplasiques et déclenche la tumeur.

La figure 2.4 montre ce processus schématiquement.

2.3.1 Initiation

L'initiation est un processus à m frappes comme nous l'avons étudié. Le nombre de cellules initiées jusqu'à l'âge t, $I_{\text{init}}(t)$, suit une loi de Poisson

$$I_{\text{init}}(t) \sim \mathcal{P}\left(\int_0^t \lambda_{\text{init}}(u)du\right)$$
$$\lambda_{\text{init}}(t) = mN\lambda^m t^{m-1} = mN(\tau p)^m t^{m-1} = c_{\text{init}} t^{m-1} \qquad \text{(voir 2.9, 2.10)}.$$

Le nombre de cellules initiées est ainsi un processus de Poisson à taux non homogène.

Dans les cellules initiées, un ou plusieurs gènes régulateurs de mécanismes cellulaires sont inactivés, ce qui accélère la croissance de ces cellules et peut provoquer d'autres effets encore. Nous avons déjà noté une contradiction entre le concept du nombre constant de cellules N d'un organe et le fait que les cellules se divisent, ce qui produit, à partir d'une cellule parentale deux, et non pas une, cellules descendantes. Pour résoudre cette contradiction, la mort de cellules doit être postulée. Les seules cellules immortelles dans l'organe sont les cellules souches. Un modèle possible d'un organe consiste en cellules souches qui, par division, se recréent et donnent naissance à une nouvelle cellule normale

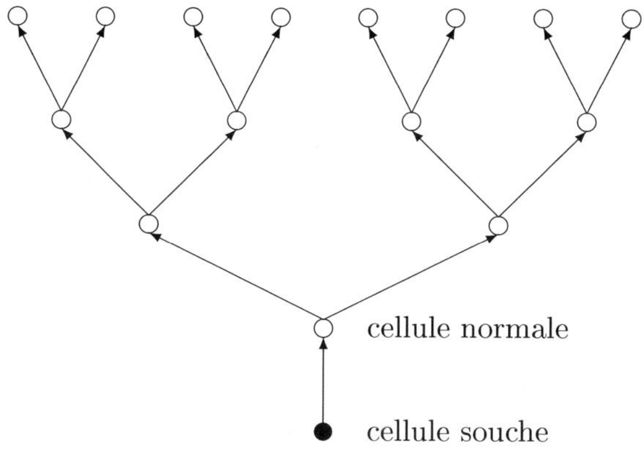

Figure 2.5 – Le diagramme montre un « *cluster* » de cellules maintenu par une cellule souche. Lors d'une division, la cellule souche (en noir) est remplacée par une nouvelle cellule souche et une cellule normale. Lors de la division d'une cellule normale, deux cellules normales sont crées. Le diagramme montre l'état après quatres divisions. Le « *cluster* » contient huit cellules de quatrième génération, quatre cellules de troisième génération et 2^4 cellules en tout, dont une cellule souche. Si les cellules normales on une durée de vie limitée, par exemple si les cellules de quatrième génération meurent au lieu de se diviser, un tel « *cluster* » est de taille constante.

et mortelle. En se divisant, cette cellule normale crée deux cellules normales et ainsi de suite. Si les cellules normales meurent après un nombre fixe de divisions, alors chaque cellule souche maintient un « *cluster* » de taille fixe de cellules normales (« *turnover unit* »). La figure 2.5 illustre ce processus.

Pour que les cellules initiées ou précancérigènes puissent exercer leur effet néfaste, il faut soit supposer que l'initiation rend imortelle une cellule normale, soit que l'initiation n'a d'intérêt que si elle a lieu dans une cellule souche.

2.3.2 Expansion clonale

Durant la vie d'un individu, peu de cellules précancérigènes apparaissent et, selon la valeur du nombre de frappes m, leur apparition se limite à des âges assez élevés. Pour ne pas rendre l'incidence de la maladie quasi impossible, le modèle à deux étapes travaille avec l'hypothèse que les cellules précancérigènes ont des capacités nouvelles et différentes. Toute cellule initiée possède un phénotype de croissance accrue et anormale et créera donc autour d'elle-même un cluster de telles cellules, que l'on appelle une expansion clonale. Nous allons décrire cette croissance par deux paramètres, un taux de naissance β et un taux de mortalité δ. La condition $\beta > \delta$ sera synonyme de croissance. Une seule cellule initée est ainsi à l'origine d'une *expansion clonale.*

2.3.3 Expansion clonale en temps discret

Toute cellule initiée commence une expansion clonale avec des cellules filles elles-mêmes initiées. Un modèle discret qui englobe une croissance plus rapide que les cellules normales est un processus de branchement où, lors de chaque division, les événements suivants sont possibles :

$$\begin{cases} \text{2 cellules filles sont créées, avec probabilité } b\,; \\ \text{0 cellule fille est créé, avec probabilité } d = 1-b. \end{cases}$$

Cela signifie que la cellule meurt avec probabilité $d = 1 - b$ ou se divise avec probabilité b. Si $b > 1/2$, l'espérance du nombre de cellules filles vaut $2b > 1$ ce qui implique une expansion. Le nombre de cellules dans l'expansion vaut :

génération 0	génération 1	génération 2	génération 3
1	$C(1) = F_{01}$	$C(2) = F_{11} + F_{12} + \cdots + F_{1C(1)}$	etc.

où F_{ij} est le nombre de cellules filles issues de la j^e cellule de l'i^e génération. On suppose que chaque cellule agit indépendamment des autres. Du fait de cette structure, l'analyse du processus est facilitée par l'introduction de fonctions génératrices (voir la définition 2.2).

La fonction génératrice du nombre de cellules filles est

$$\phi_F(u) = (1-b)u^0 + bu^2 = (1-b) + bu^2,$$

un polynôme de degré 2. Elle est en même temps la fonction génératrice de $C(1)$, $\phi_{C(1)}(u) = \phi_F(u)$. En ce qui concerne $C(2)$, on trouve

$$\begin{aligned}
\phi_{C(2)}(u) &= E(u^{C(2)}) \\
&= E(E(u^{C(2)} \mid C(1))) \\
&= E(E(u^{F_{11}+\cdots+F_{1C(1)}} \mid C(1))) \\
&= E(\phi_F(u)^{C(1)}) \quad \text{(car } F_{11}, F_{12}, \ldots \text{ indépendants)} \\
&= \phi_F(\phi_F(u)) \\
&= (1-b) + b\phi_F(u)^2 = (1-b) + b(1-b+bu^2)^2 \\
&= (1-b) + b(1-b)^2 + 2b^2(1-b)u^2 + b^3u^4
\end{aligned}$$

un polynôme de degré 4. De cette manière, on démontre le résultat suivant :

Proposition 2.1 *Si une expansion clonale démarre avec une seule cellule et si les cellules de chaque génération meurent avec une probabilité $1-b$ et se divisent avec une probabilité b, la fonction génératrice du nombre de cellules dans l'expansion à la génération k est*

$$\phi_{C(k)}(u) = \phi_{C(k-1)}(\phi_F(u)) = \phi_F(\phi_F(\phi_F(\cdots(\phi_F(u))\cdots))), \tag{2.14}$$

où $\phi_F(u) = 1 - b + bu^2$, et il y a k fois le symbol ϕ_F.

Une question intéressante que l'on peut se poser est de savoir si l'expansion clonale continue ou si elle s'éteint. La définition 2.2 montre que $\phi_X(u=0) = P(X=0)$. Évaluer une fonction génératrice en $u=0$ donne ainsi la probabilité que la variable aléatoire correspondante soit zéro. Il s'ensuit que

$$p_k = P(C(k)=0) = \phi_F(\phi_F(\cdots(\phi_F(0))\cdots))$$

et

$$P(C(k+1)=0) = p_{k+1} = \phi_F(p_k).$$

Cela montre que lorsque $k \to \infty$, p_k tend vers un point fixe p de la fonction génératrice $\phi_F(u)$, c'est-à-dire une valeur telle que $\phi_F(p) = p$.

Si $\phi'_F(1) \leq 1$, la seule solution valable est $p=1$, c'est-à-dire que l'expansion s'éteint avec probabilité 1. Si $\phi'_F(1) > 1$ en revanche, une solution $p<1$ existe. Dans notre cas, $\phi'_F(1) = 2b > 1 \iff b > 1/2$ et $(1-b)+bp^2 = p$ a comme solution soit $p=1$, soit $(1-\sqrt{1-4b(1-b)})/(2b) = (1-(2b-1))/2b = (1-b)/b = \delta/b$.

On peut encore tirer d'autres renseignements de la définition 2.2. En prenant la dérivée, on constate que l'espérance d'une variable aléatoire X est donnée par $\phi'_X(1)$, car

$$\phi'_X(u) = \sum_{i=1}^{\infty} i \cdot P(X=i)u^{i-1}.$$

Dans notre cas, on a

$$E(C(1)) = \phi'_F(1) = 2b,\ E(C(2)) = \phi'_F(\phi_F(1))\phi'_F(1) = (2b)^2$$

et en général $E(C(k)) = (2b)^k$. La taille espérée du clone croît donc exponentiellement et double en moyenne chaque

$$(2b)^k \geq 2 \iff k \geq \ln(2)/\ln(2b)$$

génération. Le tableau 2.2 montre quelques exemples.

2.3.4 Expansion clonale en temps continu

Les processus de branchement markovien en temps continu peuvent être décrits par les probabilités conditionnelles suivantes :

$$C(x+dx) = \begin{cases} C(x) \quad +1, & \text{avec probabilité } C(x)\beta dx + o(dx) \\ C(x) \quad -1, & \text{avec probabilité } C(x)\delta dx + o(dx) \\ C(x), & \text{sinon.} \end{cases}$$

où $C(x)$ est le nombre de cellules filles qui existent en temps x. Le paramètre $\beta > 0$ est un taux de division et $\delta > 0$ est le taux de mortalité. Toutes les

Table 2.2 – Le tableau montre la probabilité qu'une expansion clonale survive et ne s'éteigne pas. La colonne de droite contient le nombre de divisions nécessaires pour doubler la taille du clône.

b	probabilité de survie d'une expansion clonale	nombre de générations pour doubler
0,505	0,02	70
0,510	0,04	35
0,515	0,06	24
0,520	0,076	18
0,550	0,18	8
0,600	0,33	4

cellules agissent de la même manière et au temps $x = 0$; une seule cellule initiée démarre le processus de croissance. L'espérance de $C(x)$ vérifie

$$\begin{aligned} E(C(x+dx)) = E\big((C(x)+1)\,C(x)\beta dx + (C(x)-1)\,C(x)\delta dx \\ + C(x)(1 - C(x)\beta dx - C(x)\delta dx) + o(dx)\big) \\ = E(C(x)) + (\beta - \delta)\,E(C(x))\,dx + 0(dx). \end{aligned}$$

En simplifiant, on obtient le résultat final :

$$\frac{d}{dx}\,E(C(x)) = (\beta - \delta)\,E(C(x)) \Longrightarrow E(C(x)) = e^{(\beta-\delta)x}.$$

En divisant l'intervalle $[0, x]$ en $[0, dx] \cup (dx, x]$, on peut déduire une formule pour la chance de survie de l'expansion clonale. Soit $p(x) = P(C(x) = 0)$ la probabilité que le clone s'est éteint à l'âge x. On a

$$p(x) = p(x - dx)\,[1 - (\beta + \delta)dx] + \beta dx p(x - dx)^2 + \delta,$$

car dans l'intervalle $[0, dx]$, la cellule initiale peut survivre sans modification, se multiplier par deux ou s'éteindre. Si elle survit, la chance que le clône aie disparu à l'âge x vaut $p(x-dx)$, si au moment dx le clône contient deux cellules, la probabilité devient $p(x-dx)^2$, car les deux cellules agissent indépendamment. Si la cellule initiale meurt, la probabilité que le clône aie disparu à l'âge x vaut 1.

L'équation ci-dessus montre que

$$p'(x) = \beta p(x)^2 - (\beta + \delta)p(x) + \delta.$$

La limite $\pi = \lim_{x\to\infty} p(x)$ vérifie donc

$$\beta\pi^2 - (\beta + \delta)\pi + \delta$$

ou bien

$$\pi = \frac{\beta + \delta \pm \sqrt{(\beta+\delta)^2 - 4\beta\delta}}{2\beta}.$$

Les deux solutions sont $\pi = 1$ et $\pi = \delta/\beta$. Si $\beta > \delta$

$$P(C(x) = 0) \xrightarrow[x\to\infty]{} \delta/\beta.$$

La taille moyenne du clône croit exponentiellement, mais la probabilité qu'il s'éteint est non-nulle.

Dans le modèle continu, β et δ ne sont pas des probabilités mais simplement des taux positifs. Pour les comparer avec les probabilités du modèle discret, il faut les transformer selon

$$\begin{array}{rcl} \beta & \longrightarrow & b = \beta/(\beta+\delta) \\ \delta & \longrightarrow & d = \delta/(\beta+\delta). \end{array} \tag{2.15}$$

On a

$$\lim_{x\to\infty} P(C(x) = 0) = \delta/\beta = d/b,$$

car ce quotient est invariant sous la transformation (2.15).

Pour comparer la taille du clône en modélisation discrète et en modélisation continue, il faut comparer

$$E[C(x)] = e^{(\beta-\delta)x} \quad \text{et} \quad E[C(k)] = (2b)^k$$

tout en transformant le second à l'échelle du temps en posant $x = k/\tau$. On a

$$E[C(k)] = (2b)^{x\tau} = e^{\ln(2b)x\tau}.$$

Parce que $d = 1 - b$, $2b = 1 - (d - b)$ et $\ln(2b) = \ln(1 - (d - b)) = (b - d) + O((b-d)^2)$, cela nous amène à

$$\begin{array}{rcl} E[C(k)] & \approx & e^{(b-d)x\tau} \\ & = & e^{(\beta-\delta)x\tau/(\beta+\delta)}. \end{array}$$

Cette formule donne une taille de clone comparable au modèle continu si $\beta+\delta = \tau$.

L'inverse de τ, la longueur du cycle cellulaire, est égal à $1/(\beta+\delta)$, le temps moyen que le processus de branchement en temps continu reste sans modification.

2.3.5 Apparition de cellules néoplasiques dans une expansion clonale

L'apparition de cellules néoplasiques n'est possible que dans l'expansion clonale déclenchée par une cellule initiée. Nous supposons que, lors de chaque division d'une cellule dans l'expansion clonale, deux nouvelles cellules initiées sont créées avec probabilité $1-r$, ou bien une cellule néoplasique et une cellule initiée en résultent avec probabilité $r > 0$. La probabilité r est donc le paramètre de promotion au deuxième stage du modèle.

Si au temps i une nouvelle cellule initiée est créée, quatre événements peuvent apparaître lors d'une courte période dx :

- une cellule néoplasique et une cellule initiée naissent et cela avec probabilité $r\beta dx + o(dx)$;
- deux cellules initiées naissent avec probabilité $(1-r)\beta dx + o(dx)$;
- la cellule initiée meurt et l'expansion s'arrête avec probabilité $\delta dx + o(dx)$;
- la cellule initiée continue à vivre sans changement avec probabilité $(1-(\beta+\delta)dx) + o(dx)$.

Dans une telle situation, on a le résultat suivant.

Théorème 2.1 *Les cellules créées lors d'un processus de branchement homogène avec taux de naissance $\beta > 0$ et taux de mortalité $\delta < \beta$ peuvent se transformer avec probabilité $0 < r < 1$ en cellule néoplasique lors de chaque naissance. En démarrant le processus avec une seule cellule au temps $x = 0$, la probabilité $S_{\text{clone}}(x)$ qu'aucune cellule n'ait changé à l'état néoplasique au temps x vaut :*

$$S_{\text{clone}}(x) = \frac{(C\rho_1/(\rho_2 + C\rho_1)\ \left(1 - e^{-\Delta x}\right) + e^{-\Delta x}}{(C/(C+1)\ (1 - e^{-\Delta x}) + e^{-\Delta x}}$$

avec

$$0 < \Delta = \sqrt{(\beta-\delta)^2 + 4r\beta\delta},\ -1 < C = -(\rho_2 + (1-r)\beta)/(\rho_1 + (1-r)\beta),$$

$$\rho_1 = (-\beta - \delta + \Delta)/2,\ \rho_2 = (-\beta - \delta - \Delta)/2.$$

Démonstration. L'idée consiste à découper l'intervalle $[0, x] = [0, dx] \cup (dx, x]$. Dans l'intervalle $[0, dx]$, les quatre événements ci-dessus peuvent se produire et, dans l'intervalle $(dx, x]$, l'expansion clonale se poursuit comme décrit auparavant. Il en découle que

$$
\begin{aligned}
S_{\text{clone}}(x) \quad = \quad & \underbrace{(r\beta\, dx + o(dx))}_{\substack{\text{une cellule}\\ \text{néoplasique apparaît}}} \quad \times \quad \underbrace{0}_{\substack{\text{probabilité qu'aucune}\\ \text{cellule cancéreuse}\\ \text{ne soit présente dans}\\ \text{le clone au temps } x}} \\
+ \quad & \underbrace{((1-r)\,\beta\, dx + o(dx))}_{\substack{\text{la cellule initiée}\\ \text{se divise}}} \quad \times \quad \underbrace{\left(S_{\text{clone}}(x-dx)\right)^2}_{\substack{\text{probabilité que si deux}\\ \text{cellules existent au temps}\\ dx \text{ ni l'une ni l'autre}\\ \text{ne produise une cellule}\\ \text{cancéreuse entre } dx\\ \text{et } x}} \\
+ \quad & \underbrace{(\delta\, dx + o(dx))}_{\substack{\text{la cellule}\\ \text{initiée meurt}}} \quad \times \quad \underbrace{1}_{\substack{\text{si la cellule meurt, l'expansion}\\ \text{clonale s'éteint et ne donnera}\\ \text{jamais naissance à une}\\ \text{cellule cancéreuse}}} \\
+ \quad & \underbrace{(1-(\beta+\delta)dx + o(dx))}_{\substack{\text{la cellule initiée}\\ \text{reste vivante}}} \quad \times \quad \underbrace{S_{\text{clone}}(x-dx)}_{\substack{\text{probabilité qu'une cellule}\\ \text{initiée ne produise aucune}\\ \text{cellule cancéreuse entre}\\ dx \text{ et } x}}
\end{aligned}
$$

$$
\begin{aligned}
\Longleftrightarrow \quad \frac{S_{\text{clone}} - S_{\text{clone}}(x-dx)}{dx} &= \left((1-r)\,\beta + \frac{o(dx)}{dx}\right) S^2_{\text{clone}}(x - dxR) \\
&+ \left(\delta + \frac{o(dx)}{dx}\right) - \left((\beta+\delta) + \frac{o(dx)}{dx}\right) S_{\text{clone}}(x-dx).
\end{aligned}
$$

En passant à la limite, lorsque $dx \to 0$, on obtient :

$$
S'_{\text{clone}}(x) = (1-r)\,\beta\, S^2_{\text{clone}}(x) - (\beta+\delta)\, S_{\text{clone}}(x) + \delta\,. \tag{2.16}
$$

Si $r < 1$, cela est une équation différentielle du type Riccati. De telles équations peuvent être simplifiées en posant :

$$
S_{\text{clone}}(x) = -w'(x)/[w(x)(1-r)\,\beta]
$$

et

$$
S'_{\text{clone}}(x) = \frac{-w''(x)}{w(x)(1-r)\,\beta} + \frac{(w'(x))^2}{w(x)^2(1-r)\,\beta}.
$$

La substitution donne :

$$\frac{-w''(x)}{w(x)(1-r)\,\beta}+\frac{(w'(x))^2}{w(x)^2(1-r)\,\beta}=\frac{w'(x)^2}{w(x)^2(1-r)\,\beta}+\frac{(\beta+\delta)w'(x)}{w(x)(1-r)\beta}+\delta,$$

c'est-à-dire

$$w''+(\beta+\delta)w'+(1-r)\beta\,\delta\,w=0,$$

une équation linéaire d'ordre 2 à coefficients constants. La solution de cette dernière vaut :

$$w(x)=B_1\,e^{\rho_1 x}+B_2\,e^{\rho_2 x}\,,$$

où ρ_i sont les racines des

$$\rho^2+(\beta+\delta)\,\rho+(1-r)\,\beta\,\delta=0$$

et B_1 et B_2 sont des constantes quelconques. Le discriminant de cette équation quadratique vaut

$$\Delta^2=(\beta+\delta)^2-4\beta\delta(1-r)=(\beta-\delta)^2+4r\beta\delta\,.$$

Soit $\Delta>0$, alors les deux racines de l'équation sont $\rho_1=(-\beta-\delta+\Delta)/2$ et $\rho_2=(-\beta-\delta-\Delta)/2<\rho_1$. La solution générale de (2.16) finalement est

$$S_{\text{clone}}(x)=\frac{-B_1\rho_1\exp(\rho_1 x)-B_2\rho_2\exp(\rho_2 x)}{(B_1\exp(\rho_1 x)+B_2\exp(\rho_2 x))\,(1-r)\beta}\,. \tag{2.17}$$

La valeur de r joue une rôle prépondérant. Si $r=0$, les racines sont $\rho_1=-\delta>\rho_2=-\beta$, et la seule solution de (2.17) qui vérifie la condition initiale $S_{\text{clone}}(0)=1$ est $S_{\text{clone}}(x)\equiv 1$. Si $r=1$, les racines sont $\rho_1=0>\rho_2=-(\beta+\delta)$, mais dans ce cas (2.16) est une équation différentielle linéaire de 1er ordre et la solution qui vérifie la condition initiale est $S_{\text{clone}}(x)=(\delta+\beta\exp(-(\beta+\delta)x))/(\beta+\delta)$. Dans les deux cas, la limite lorsque $x\to\infty$ de la fonction de survie est positive. Une expansion clonale n'amène donc pas forcément au cancer.

Si $0<r<1$, les coefficients B_1 et B_2 sont non nuls, sinon la condition initiale n'est pas vérifiée. En multipliant numérateur et dénominateur par $\exp(-\rho_1 x)/B_2$, (2.17) s'écrit comme

$$\begin{aligned}S_{\text{clone}}(x)&=\frac{-C\rho_1-\rho_2\exp(-\Delta x)}{(C+\exp(-\Delta x))(1-r)\beta}\\&=\frac{-C\rho_1(1-\exp(-\Delta x))-(\rho_2+C\rho_1)\exp(-\Delta x)}{C(1-r)\beta(1-\exp(-\Delta x))+(C+1)(1-r)\beta\exp(-\Delta x)}\,,\end{aligned}$$

où $C=B_1/B_2$. La deuxième forme met en évidence les limites lorsque $x\to 0$ et $x\to\infty$. La condition initiale se traduit par la condition $-(\rho_2+C\rho_1)=(C+1)(1-r)\beta$, c'est-à-dire $C=-(\rho_2+(1-r)\beta)/(\rho_1+(1-r)\beta)$. En divisant le numérateur par $-(\rho_2+C\rho_1)$ et le dénominateur par $(C+1)(1-r)\beta$, on obtient la formule du théorème.

La limite lorsque $x \to \infty$ de $S_{\text{clone}}(x)$ est égale à $(C+1)\rho_1/(\rho_2+C\rho_1)$ et le complément $1 - \lim_{x\to\infty} S_{\text{clone}}(x) = -\Delta/(\rho_2 + C\rho_1)$ est égal à la probabilité qu'une expansion clonale ne conduise pas à un cancer.

Les taux de mutation observés dans divers gènes et dans des populations humaines sont de l'ordre 3×10^{-6} par génération. Il est raisonnable de supposer que la probabilité r soit à peu près de la même taille. Pour des valeurs de r tellement petites, un développement des coefficients autour de $r = 0$ est utile. On obtient l'approximation suivante :

$$S_{\text{clone}}(x) \approx \frac{r\beta\delta/(\beta-\delta)^2\left(1-e^{-(\beta-\delta)x}\right)+e^{-(\beta-\delta)x}}{r\beta^2/(\beta-\delta)^2\left(1-e^{-(\beta-\delta)x}\right)+e^{-(\beta-\delta)x}}.$$

Si r est près de zéro, la probabilité qu'un clone ne donne pas de cancer vaut δ/β, ce qui n'est rien d'autre que la chance qu'une expansion clonale s'éteigne.

La figure 2.6 illustre quelques exemples. Dans les trois cas montrés, la formule approximative est de très bonne qualité. Les paramètres β et δ ont été choisis comme ($\beta = 1,15$, $\delta = 1,00$), ($\beta = 9,2$, $\delta = 8$) et ($\beta = 8,15$, $\delta = 8,00$). Les deux premiers couples sont tels que 1/1,15=8/9,2=0,87. La différence $\beta - \delta$ décrit la croissance de l'expansion. Elle est grande dans le deuxième cas, ce qui explique pourquoi la valeur limite est atteinte beaucoup plus rapidement. La somme $\beta + \delta$ décrit le taux de division cellulaire. Si l'on augmente ce taux, sans changer le paramètre de la croissance $\beta - \delta$, la chance de créer un cancer dans l'expansion d'une cellule initiée diminue. En revanche, la limite sera atteinte plus rapidement.

2.3.6 Taux d'incidence du cancer

Avec nos études de l'initiation, de l'expansion clonale et de la promotion à l'intérieur d'un clone, nous avons rassemblé tous les éléments pour calculer la fonction de survie qui nous intéresse réellement :

$$S_{\text{cancer}}(t) = P\big(\text{un organe à } N \text{ cellules ne contient pas de cellules néoplasiques avant l'âge } t\big).$$

Théorème 2.2 *Une population de N cellules subit un processus d'initiation sous forme d'un processus de Poisson avec taux $\lambda_{\text{init}}(t)$. Toute cellule initiée démarre une expansion clonale (voir Théorème 2.1) avec fonction de survie $S_{\text{clone}}(x)$, telle que deux expansions différentes agissent indépendamment. Le taux d'incidence global vérifie*

$$S_{\text{cancer}}(t) = \exp\left(-\int_0^t \lambda_{\text{init}}(u)\,(1 - S_{\text{clone}}(t-u))\,du\right).$$

Démonstration. Considérons les petits intervalles de temps entre $(k-1)t/K$ et kt/K pour $1 \le k \le K$. La probabilité qu'une nouvelle cellule initiée soit créée durant une telle période est

$$\lambda_{\text{init}}(kt/K)\,t/K + o(1/K).$$

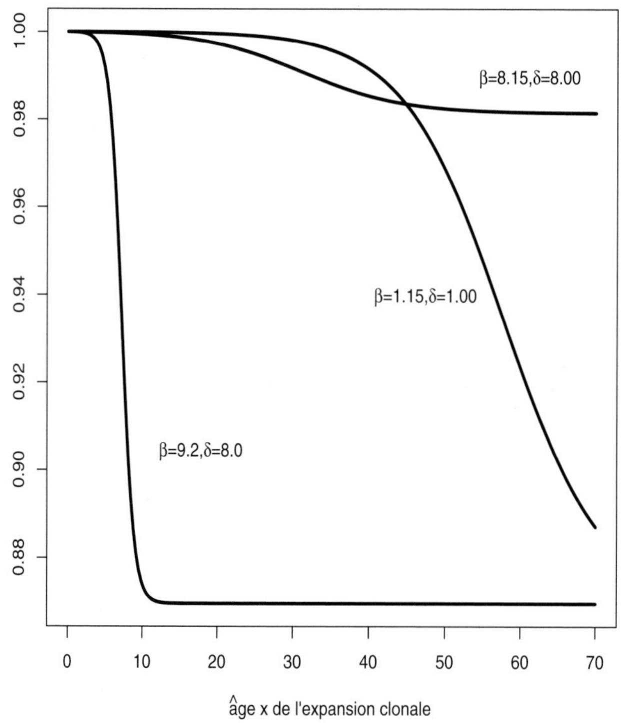

Figure 2.6 – Les trois courbes montrent $S_{\text{clone}}(x)$ pour trois différents choix de β et δ. Le paramètre $r = 3 \times 10^{-6}$ est le même dans les trois cas.

La probabilité que cette nouvelle cellule ne donne pas naissance à une cellule néoplasique entre kt/K et t vaut

$$S_{\text{clone}}[(K-k)\,t/K].$$

La création de cellules initiées dans des intervalles disjoints est indépendante et chaque cellule initiée produit un clone qui agit indépendamment d'autres clones. La probabilité $S_{\text{cancer}}(t)$ est ainsi égale au produit

$$\prod_{k=1}^{K}\left(\left(\lambda_{\text{init}}\left(\frac{kt}{K}\right)\frac{t}{K}+o\left(\frac{1}{K}\right)\right)S_{\text{clone}}\left[\frac{(K-k)t}{K}\right]+\left(1-\lambda_{\text{init}}\left(\frac{kt}{K}\right)\frac{t}{K}+o\left(\frac{1}{K}\right)\right)\right),$$

où nous considérons dans chaque intervalle les deux événements incompatibles : création d'une nouvelle cellule initiée ou pas de création de nouvelle cellule. Le cas où plusieurs nouvelles cellules sont créées a une probabilité négligeable de l'ordre $o(1/K)$. Nous pouvons réécrire $S_{\text{cancer}}(t)$ de la manière suivante :

$$\exp\left(\sum_{k=1}^{K} \ln\left(1-\left(\lambda_{\text{init}}\left(\frac{kt}{K}\right)\frac{t}{K}+o\left(\frac{1}{K}\right)\right)\left(1-S_{\text{clone}}\left[\frac{(K-k)t}{K}\right]\right)\right)\right).$$

On peut encore appliquer le développement limité du logarithme, $\ln(1-h) = -h + o(h)$ pour h près de zéro. pour simplifier la formule. Cela nous montre que

$$\ln(1-(\lambda_{\text{init}}(kt/K)\,t/K+o(1/K))=-(\lambda_{\text{init}}(kt/K)\,t/K+o(1/K)).$$

Finalement, en interprétant l'exposant comme intégral de Riemann et en laissant $K \to \infty$, on obtient la limite

$$-\int_0^t \lambda_{\text{init}}(u)\,(1-S_{\text{clone}}(t-u))\,du\,,$$

ce qui est à démontrer.

La fonction de risque ou le taux d'incidence qui correspond à cette fonction de survie est

$$\lambda_{\text{cancer}}(t) = -\frac{d}{dt}\ln S_{\text{cancer}}(t) = \frac{d}{dt}\left(\int_0^t \lambda_{\text{init}}(u)\,(1-S_{\text{clone}}(t-u))\,du\right).$$

Un calcul élémentaire nous amène à la formule

$$\lambda_{\text{cancer}}(t) = \int_0^t \lambda_{\text{init}}(u) f_{\text{clone}}(t-u)du\,.$$

où $f_{\text{clone}}(x) = -d/dx S_{\text{clone}}(x)$ est la densité pour la durée de vie avant l'occurence du cancer. Cette densité n'est en général pas propre, parce que son intégrale est inférieur à un.

2.4 Risque génétique

Les modèles de la carcinogenèse sont devenus de plus en plus sophistiqués avec le passage du temps. L'idée des étapes multiples a répondu à plusieurs défauts des modèles plus simples, en particulier ceux à multiples frappes. Un des cancers les plus fréquemments observés, le cancer du côlon, semble être assez proche du modèle à deux étapes. Dans cet exemple, les polypes, des croissances bénignes qui peuvent évoluer en cancer dans un délai de 10 à 20 ans, sont les formes intermédiaires des cellules. Le modèle explique élégamment les cas de cancers qui se manifestent chez les adolescents, dit « *early-onset* ».

Un individu qui est porteur d'une des mutations initiantes dès sa naissance suivra une carcinogenèse accelérée. Dans ce sens, le modèle à plusieurs étapes peut incorporer des risques génétiques. Finalement, pour les cancer dits « *late-onset* », ce modèle s'ajuste avec succès aux courbes d'incidences de divers types de cancer.

Comme expliqué ci-dessus, les cancers d'apparition précoce pourraient être liés à l'occurence d'une mutation, c'est-à-dire d'un certain génotype. Cela est une forme de risque génétique, qui a comme effet l'accélération du développement d'une maladie dû au fait que le gène muté est une cause directe de la maladie. Un génotype peut pourtant être un facteur de risque qui agit de manière plus subtile, par exemple en diminuant les défenses naturelles de l'individu. Pour beaucoup de maladies, les épidémiologues constatent l'existence d'un risque familial. Si l'on observe l'occurence d'une telle maladie parmi les enfants dont un des parents a également souffert, une augmentation du nombre des cas se manifeste. On pourrait expliquer ce phénomène soit par l'environnement et le comportement partagé en famille, soit par l'héritage de gènes mutés qui posent un risque.

Pour inclure un élément génétique dans notre modèle de carcinogenèse, on pourrait modéliser les paramètres clés m, c_{init} et $\beta - \delta$ par des variables aléatoires. Ainsi, chaque individu aurait ses propres valeurs et pour certains la fonction de survie S_{cancer} plongerait rapidement vers zéro, tandis que pour d'autres la probabilité de développer un cancer serait faible. Pour une population entière, cette idée nous amène vers un modèle qui consiste en un mélange de modèles à deux étapes ayant différentes valeurs des paramètres. Plus simple encore, on pourrait postuler une simple condition qui sépare les individus en deux classes, celles et ceux qui sont vulnérables et susceptibles, et les autres qui sont protégés. Soit $F > 0$ la fraction de la population à risque et soit $\lambda_{\text{indépendant}}(t)$ la mortalité toutes causes confondues, à l'exception du cancer. Le taux de mortalité parmi la fraction à risque vaut

$$\lambda_{\text{à risque}}(t) = \lambda_{\text{cancer}}(t) + \lambda_{\text{indépendant}}(t),$$

tandis que la population qui n'est pas à risque a un taux de mortalité égal à

$$\lambda_{\text{protégé}}(t) = \lambda_{\text{indépendant}}(t).$$

Le taux d'incidence $\lambda_{\text{cancer}}(t)$ n'est valable que pour les personnes à risque. Si l'on étudie l'incidence du cancer dans la population générale, en revanche, on doit modifier la fonction en la multipliant par la fraction des survivants parmi les susceptibles. À la naissance, une fraction F d'une cohorte est à risque, mais lorsque l'âge de la cohorte augmente, cette fraction varie et il faut en tenir compte. La formule suivante montre le taux d'incidence que l'on observe dans la population

$$\begin{aligned}\lambda_{\text{observable}}(t) &= \frac{\text{incidences du cancer}}{\text{survivants dans la population}}\\ &= \frac{\text{incidences du cancer}}{\text{survivants dans la population à risque}}\\ &\times \frac{\text{survivants dans la population à risque}}{\text{survivants dans la population}}\\ &= \frac{\text{survivants à risque}}{\text{survivants dans la population}} \times \lambda_{\text{cancer}}(t).\end{aligned}$$

En utilisant la fonction de survie, on peut calculer la fraction des survivants à risque, qui vaut

$$\frac{F\ \exp\left(-\int_0^t \lambda_{\text{à risque}}(u)\,du\right)}{F\ \exp\left(-\int_0^t \lambda_{\text{à risque}}(u)\,du\right) + (1-F)\exp\left(-\int_0^t \lambda_{\text{protégé}}(u)\,du\right)}.$$

La fonction $\lambda_{\text{indépendant}}(t)$ se simplifie et on trouve finalement l'expression suivante pour le taux observable

$$\lambda_{\text{observable}}(t) = \lambda_{\text{cancer}} \frac{F \exp\left(-\int_0^t \lambda_{\text{cancer}}(u)\,du\right)}{F \exp\left(-\int_0^t \lambda_{\text{cancer}}(u)\,du\right) + (1-F)}.$$

Le graphe de la fonction $\lambda_{\text{observable}}(t)$ est différent de celui de $\lambda_{\text{cancer}}(t)$. Au lieu d'un taux croissant avec l'âge t, on obtient typiquement un taux qui redescend, dû au fait que la fraction à risque est très faible dans une cohorte de vieillards. Pour en lire plus, le lecteur est invité de consulter Morgenthaler *et al.*, 2004.

2.4.1 Risque génétique dû à un seul gène

On pourrait aller encore plus loin dans la modélisation du risque génétique. Supposons, par exemple, que « être à risque » signifie que l'on est porteur d'un génotype hétérozygote $+-$ (une bonne copie d'un gène et une copie mutée du gène). Dans la population générale, il existe des personnes munies des trois génotypes $++$, $+-$ et $--$. La proportion à risque est $F = P_{+-}$, la proportion des hétérozygotes.

En sachant qu'un des parents est à risque, comment cette information influence-t-elle la probabilité de risque des enfants ? Le tableau suivant montre les génotypes possibles :

père à risque	mère	enfant
$+-$	$++$	$++$ ou $+-$ avec probabilité 1/2, 1/2
$+-$	$+-$	$++$, $+-$ ou $--$ avec probabilité 1/4, 1/2, 1/4
$+-$	$--$	$+-$ ou $--$ avec probabilité 1/2, 1/2

La probabilité qu'un enfant soit hétérozygote vaut donc

$$P_{++} \cdot 1/2 + P_{+-} \cdot 1/2 + P_{--} \cdot 1/2 = 1/2\,.$$

La moitié des enfants d'un père à risque seraient à risque si un tel gène existait.

Inversement, en sachant qu'un des enfants est hétérozygote, quelle est la probabilité conditionnelle que le père soit hétérozygote ? Pour répondre à cette question, il faut considérer les sept possibilités suivantes :

père × mère	probabilité	probabilité conditionnelle d'un enfant $+-$
$+- \times +-$	$P_{+-}\ P_{+-}$	1/2
$-- \times ++$	$P_{--}\ P_{++}$	1
$++ \times --$	$P_{++}\ P_{--}$	1
$++ \times +-$	$P_{++}\ P_{+-}$	1/2
$-- \times +-$	$P_{--}\ P_{+-}$	1/2
$+- \times ++$	$P_{+-}\ P_{++}$	1/2
$+- \times --$	$P_{+-}\ P_{--}$	1/2

Il s'ensuit que

$$\begin{aligned} P\,(\text{père } +- \mid \text{enfant } +-) &== \frac{P(\text{père } +- \text{ et enfant } +-)}{P(\text{enfant } +-)} \\ &= \frac{1/2 \cdot P_{+-}\,P_{+-} + 1/2\,P_{++}\,P_{+-} + 1/2\,P_{--}\,P_{+-}}{1/2\,P_{+-}\,P_{+-} + P_{--}\,P_{++} \cdot 2 + P_{++}\,P_{+-} + P_{--}\,P_{+-}} \\ &= 1/2\,\frac{P_{+-}}{P_{+-} + 2P_{--}\,P_{++} - 1/2P_{+-}\,P_{+-}} = \frac{1}{2}\,, \end{aligned}$$

où nous avons utilisé le fait que $P_{++} + P_{+-} + P_{--} = 1$ et $P_{++} = p_+^2$, $P_{+-} = 2p_+p_-$, $P_{--} = p_-^2$, la loi de Hardy Weinberg (voir chap. 3).

La structure et la solution du problème sont ainsi parfaitement symétriques. Dans les deux cas, la proportion à risque augmente de $F = P_{+-}$ dans la population à $F = 50$ % en considérant une sous-population d'individus dont on sait qu'une relation de premier degré (parent ou descendant direct) est à risque. Un tel modèle peut servir comme explication du risque familial discuté au début de cette section.

2.5 Exercices

1. Soit $T \geq 0$ un temps aléatoire continu. Montrez que les fonctions suivantes sont des caractérisations équivalentes de la distribution de T, $F(t) = P(T \leq t)$:
   (a) la densité $f(t)$ de T,
   (b) la fonction de survie $S(t) = P(T > t)$,
   (c) la fonction de risque $h(t) = \lim\limits_{\Delta t \downarrow 0} \frac{1}{\Delta t} P(t + \Delta t > T \geq t | T \geq t)$,

(d) le temps de vie résiduel espéré $r(t) = E[T - t|T \geq t]$.
Indication : pour toute v.a. non-négative T l'espérance vaut $E[T] = \int_0^\infty P(T > t)\, dt$.

2. Supposons que l'incidence d'une forme de cancer croisse quadratiquement avec l'âge. Quel modèle se cache derrière ce fait ?

3. Calculez la fonction de survie $S(t)$ et la fonction de risque $h(t)$ dans le cas où T suit

   (a) une loi exponentielle $\mathcal{E}(\lambda)$. Que peut-on dire sur le temps de vie résiduel espéré dans ce cas ?

   (b) une loi gamma $\Gamma(\lambda, 2)$ avec densité $f(t) = \lambda e^{-\lambda t}(\lambda t)$, $t \geq 0$.

   (c) une loi Weibull avec densité $f(t) = \beta\lambda(\lambda t)^{\beta-1}e^{-(\lambda t)^\beta}$, $\beta, \lambda > 0$.

4. Soient λ le taux de création d'une néoplasie par unité de temps et par cellule, N le nombre de cellules, $S(t)$ la fonction de survie d'un individu et $h(t)$ sa fonction de risque. Si $h(t) = N\lambda$, quelle est la fonction $S(t)$ correspondante ? Si on observe pour un échantillon de taille n les durées de vie $t_1, \ldots, t_n$ et N est connu, quel est l'estimateur du maximum de vraisemblance du paramètre λ ?

5. (a) Soit T une variable aléatoire qui représente la durée de vie d'une cellule. Dans une méthode à une frappe, cette variable suit une loi exponentielle de paramètre $\lambda > 0$, où λ est l'intensité de la frappe par cellule. On considère un modèle à deux frappes dans les deux cas suivants :

      i. La deuxième frappe ne peut avoir lieu que lorsque la première frappe est survenue, c'est-à-dire $T = T_1 + T_2$ où T_1 et T_2 sont des temps de survie indépendant exponentielle.

      ii. Les processus de la première frappe et de la deuxième frappe commencent en même temps, c'est-à-dire $T = max(T_1, T_2)$ où T_1 et T_2 sont des temps de survie indépendant exponentielle..

   Calculez la fonction de survie ainsi que la fonction de risque pour chaque modèle.

   (b) Si on prend la variable aléatoire T_{organe} correspondant à la durée de vie de l'organe qui est constitué de N ($N > 0$) cellules, donnez la fonction de survie de l'organe.

   Indication : soient $X \sim F_X$ et $Y \sim F_y$ les variables aléatoire indépendantes, alors

$$P(X + Y \leq t) = \int P(X \leq t - y) f(Y = y) dy \,.$$

6. (a) Supposons que deux transformations (initiation et promotion) soient nécessaires pour transformer une cellule normale en une cellule cancéreuse. On donne les hypothèses suivantes :

i. Le nombre N de cellules est constant.

ii. Les cellules agissent de façon indépendante. Les cellules normales se transforment en cellules initiées selon un processus de Poisson homogène $\{I(t);\, t \geq 0\}$ d'intensité λ avec $I(0) = 0$.

iii. Le temps d'attente X d'une cellule initiée pour subir la deuxième transformation (promotion) suit une loi continue avec fonction de répartition F.

Démontrez que la fonction de survie dans ce modèle est

$$S_2(t) = e^{-\lambda N \int_0^t F(t-x)dx}.$$

Indication :

i. Si k est le nombre de cellules initiées entre $[0, t]$, alors les temps d'initiation $T_1, T_2, \cdots, T_k$ sont des échantillons distribués selon une loi uniforme de $U(0, t)$.

ii. Le nombre de cellules initiées entre $[0, t]$ suit une loi de Poisson de paramètre $(N\lambda t)$.

(b) Calculez la fonction de survie si F est la fonction de répartition d'une loi exponentielle.

7. Un génotype hétérozygote Aa nous met à risque pour une maladie. Supposons qu'un enfant développe la maladie en question et qu'un test montre que l'enfant a comme génotype Aa. Quelle est la probabilité que la mère soit également hétérozygote ?

Chapitre 3

Maintien de la diversité génétique dans une population : équilibres

3.1 Équilibre de Hardy-Weinberg

Le génome est présent dans les cellules sous forme de longues molécules d'ADN, nommées chromosomes. Chez les humains, l'information génétique se concentre essentiellement dans les 2×22 chromosomes homologues et les 2 chromosomes sexuels. Les chromosomes portent les gènes, qui à leur tour représentent dans un sens l'unité d'information génétique. Deux exemples : le gène *ABO* qui détermine le groupe sanguin se trouve sur le chromosome 9, et le gène du facteur VIII dont le déficit cause l'hémophilie du type A est situé sur le chromosome X. La transmission du génome des parents aux descendants se manifeste par le fait que les cellules humaines contiennent 23 chromosomes provenant de la mère et 23 provenant du père. Les deux chromosomes sexuels sont homologues chez les femmes (XX) et en couple avec un autre chromosome chez l'homme (XY). Les chromosomes dont nous avons deux copies ainsi que les gènes qui s'y trouvent sont dits *autosomes.* Les chromosomes sont constitués de polymères formés de nucléotides composés d'une base et de désoxyribase phosphate. La structure d'un chromosome est une double hélice formée de deux brins complémentaires. La structure est maintenue par une liaison entre bases complémentaires. Les chromosomes sont ainsi constitués de paires de bases (pb). Les chromosomes sont nommés 1, 2, ..., 22, X, Y et leurs tailles en paires de bases sont données au tableau 3.1.

Il y a quatre bases différentes : A (adénine), G (guanine), C (cytosine) et T (thymine) avec les couplages complémentaires $A - T$ et $G - C$. Les deux brins d'un chromosome contiennent l'information génétique en double. Si un brin comporte une base G, alors l'autre a un C et ainsi de suite. En exploitant

Table 3.1 – Le nombre de paires des bases (en millions) des 22 chromosomes homologues et des deux chromosomes sexuels de l'espèce humaine.

Ch.1	Ch. 2	Ch. 3	Ch. 4	Ch. 5	Ch. 6
263	255	214	203	194	183
Ch.7	Ch. 8	Ch. 8	Ch. 10	Ch. 11	Ch. 12
171	155	145	144	144	143
Ch.13	Ch. 14	Ch. 15	Ch. 16	Ch. 17	Ch. 18
114	109	106	98	92	85
Ch.19	Ch. 20	Ch. 21	Ch. 22	Ch. X	Ch. Y
67	72	50	56	164	59

les différences dans les propriétés physiques des bases, il est possible d'établir la séquence d'une molécule d'ADN. Un des objectifs du projet de séquençage du génome humain (voir par exemple `genomics.energy.gov`) était l'établissement de la suite ADN d'un être humain. Le génome humain total contient $3,1647 \times 10^9$ paires de bases. Le nombre de gènes se trouve entre 25 000 et 30 000 avec une longueur moyenne d'environ 3 000 pb. La longueur des gènes varie pourtant de manière importante. Plus que 99,9 % des paires sont identiques d'un individu à l'autre, mais cela laisse quand même environ $1,4 \times 10^6$ pb où des différences existent. On parle d'une base *polymorphique* si elle est telle qu'une proportion appréciable (plus de 5 %) de la population est porteuse d'une variante. L'assez faible pourcentage de bases polymorphiques est suffisant pour que beaucoup de gènes ne soient pas uniques et qu'une diversité génétique existe. À l'exception des gènes se trouvant sur les chromosomes sexuels, nous possédons deux copies de chaque gène. Une copie d'un gène est appelée un allèle. Chaque individu possède donc deux allèles de chaque gène et ce couple de gènes détermine son *génotype*. Si les deux allèles sont égaux, la personne est homozygote. Dans le cas contraire, elle est hétérozygote.

Le fait que les gènes sont souvent polymorphiques est bénéfique. Éliminer la diversité génétique est dangereux pour la survie d'une espèce. En connaissant tous les allèles et leurs fréquences, la variation génétique dans une population est définie. Cela représenterait pourtant un vaste projet, car la détermination du génotype d'un individu est difficile et coûteuse. Les allèles s'expriment parfois par des caractéristiques physiologiques ou des apparences physiques. Dans ce cas, en observant le *phénotype* d'un individu, on peut déduire son génotype. Mais, dans d'autres circonstances, le génotype ne se voit pas et des techniques plus fines fondées sur la biologie moléculaire sont nécessaires.

Exemple 3.1 *Le gène ABO détermine les antigènes sur la surface des globules rouges. Il existe trois phénotypes que l'on peut facilement distinguer par la réaction du sang aux anticorps. Il y a donc au moins trois génotypes. Par une étude génétique, on trouve qu'il y a en réalité trois allèles, nommés A, B et O.*

Pourtant, avec trois allèles, on peut former $\binom{3+2-1}{2} = \binom{4}{2} = 6$ *génotypes. La liste des génotypes et phénotypes est indiquée au tableau 3.2.*

Table 3.2 – Liste des génotypes et phénotypes pour le gène ABO, qui détermine le groupe sanguin.

	génotype	phénotype : groupe sanguin
homozygote	AA	$\mathcal{A}$
hétérozygote	AB	$\mathcal{AB}$
hétérozygote	AO	$\mathcal{A}$
homozygote	BB	$\mathcal{B}$
hétérozygote	BO	$\mathcal{B}$
homozygote	OO	$\mathcal{O}$

Les allèles A et B dominent l'allèle O. L'allèle O est dit récessif par rapport à A et B. Les allèles A et B sont dits codominants.

Il est évident que les fréquences des allèles peuvent être calculées à partir des fréquences des génotypes. Les formules suivantes s'appliquent dans le cas de deux allèles différents A et a d'un gène autosome, mais leur généralisation aux cas plus complexes est directe. On notera par p_A la fréquence de l'allèle A et par P_{Aa} la fréquence du génotype Aa.

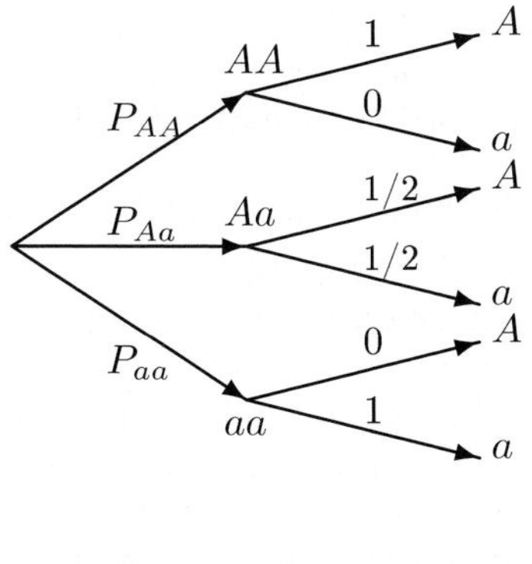

Si la population se divise en génotypes selon les proportions $(P_{AA}, P_{Aa}, P_{aa} = 1-P_{AA}-P_{Aa})$ et que l'on tire aléatoirement d'abord un individu et ensuite un des deux allèles de l'individu, on obtient la formule

$$\begin{aligned} p_A &= 1 \times P_{AA} + \tfrac{1}{2} \times P_{Aa} + 0 \times P_{aa} \\ &= P_{AA} + 0,5 \times P_{Aa}. \end{aligned}$$

Pour la démontrer, le diagramme en arbre ci-contre suffit.

En principe, le calcul inverse des fréquences des génotypes en fonction des fréquences des allèles, n'est pas possible. À l'aide de la seule probabilité $p_A = 1-p_a$, on ne peut pas calculer les deux probabilités P_{AA} et P_{Aa}. Mais, lorsque les gènes se mélangent librement dans une population, on peut effectuer ce calcul. Ce résultat se base sur le modèle de Wright-Fisher (voir fig. 1.2, p. 7) et quelques hypothèses fondamentales dont nous allons discuter par la suite. Le modèle de

Wright-Fisher est une des idées centrales de la génétique des populations. Ce domaine scientifique tente de former et de tester des hypothèses concernant la répartition d'allèles dans une population. Un ouvrage très lisible qui contient les idées fondamentales est celui de Hartl *et al.*, 1997.

Hypothèse a) Ségrégation mendelienne

Si un adulte est de génotype Aa pour un gène, ses gamètes sont dans 50 % des cas porteurs de A et dans 50 % des cas porteurs de a. Ce mode de transmission de l'information génétique est dit ségrégation mendelienne. En conséquence, à partir du génotype, on peut calculer la fréquence des allèles dans les gamètes. De plus, les fréquences des allèles dans les gamètes sont égales à celles des allèles dans la population, au moins pour les gènes autosomes.

Hypothèse b) Unions aléatoires

Par « union aléatoire », on entend une sélection complètement aléatoire des couples qui vont créer des descendants. Les fréquences de croisement de génotypes peuvent donc être calculées par multiplication. Le croisement d'un génotype AA avec un génotype Aa a une probabilité $2P_{AA}P_{Aa}$. Pour justifier ce calcul, supposons que les deux partenaires soient choisis aléatoirement. Le tirage d'un génotype AA suivi d'un génotype Aa a une probabilité de $P_{AA}\ P_{Aa}$. Parce que l'ordre pourrait être inverse, on obtient un facteur de 2. Dans des populations de petite taille, cette condition n'est pas vérifiée exactement du fait des dépendances entre unions.

Hypothèse c) Fertilité normale

Le génotype n'a aucune influence sur la chance d'un individu d'avoir des descendants.

Hypothèse d) Survie indépendante du génotype

Le génotype n'a pas d'effets sur la santé et la chance de procréation de l'individu.

Hypothèse e) Générations qui ne se chevauchent pas

Cette hypothèse n'est que rarement strictement vérifiée. Elle stipule que les générations des parents et des descendants sont séparées, comme par exemple chez les plantes annuelles.

Lemme 3.1 *(Hardy-Weinberg). Une population de taille infinie se renouvelle sous condition de ségrégation normale, de fertilité normale, d'unions aléatoires, de générations qui ne se chevauchent pas, et de survie indépendante. Soit un gène autosome à deux allèles* A *et* a *avec probabilités de génotypes* P_textAA,

P_{aa} et P_{Aa} dans une génération quelconque. Par conséquent, les fréquences des allèles A et a dans cette génération sont $p_A = P_{AA} + P_{AA}/2$ et $p_a = P_{aa}+P_{Aa}/2$. Sous les hypothèses enoncées, les fréquences des génotypes à partir de la prochaine génération vérifient :

$$P_{AA} = p_A^2\,,\ P_{Aa} = 2p_A\,p_a = 2p_A(1-p_A)\ \textit{et}\ P_{aa} = p_a^2 = (1-p_A)^2\,. \quad (3.1)$$

Exemple 3.2 *Selon ces formules, pour un gène autosome avec deux allèles A et a et fréquence $p_A = 70$ %, les proportions des génotypes sont*

$$P_{AA} = 49\%, \quad P_{Aa} = 42\ \%\ \ \textit{et}\ P_{aa} = 9\ \%.$$

Si l'équilibre de Hardy-Weinberg est vérifié, on parvient donc à faire le pas qu'il n'a pas été possible d'effectuer avant, c'est-à-dire calculer les fréquences P_{AA} et P_{Aa} sur la base de p_A seulement. Sous cet équilibre, la connaissance des fréquences d'allèles équivaut à la connaissance des fréquences de génotypes.

Preuve. Le tableau 3.3 part d'une population parentale dans laquelle les génotypes AA, Aa et aa sont en proportions (P_{AA}, P_{Aa} et P_{aa}). Les fréquences des allèles dans cette génération vérifient $p_A = (2P_{AA} + P_{Aa})/2$ et $p_a = 1 - p_A$. Le tableau 3.3 contient pour chaque combinaison de génotypes des parents les probabilités (conditionnelles) des génotypes des descendants, calculées sous les hypothèse a), c) et d).

Table 3.3 – Répartition des génotypes des descendants en fonction des génotypes des parents. Dans la première ligne du tableau, par exemple, on considère les cas de deux parents ayant un génotype AA. La probabilité d'une telle union vaut P_{AA}^2. Tous leurs descendants ont un génotype AA et les probabilités conditionnelles pour les différents génotypes parmi leurs descendants sont comme indiquées dans les trois dernières colonnes.

génotypes des parents	fréquences (hypothèse b)	génotypes et fréquences conditionnelles des descendants		
		AA	Aa	aa
AA et AA	P_{AA}^2	1	0	0
AA et Aa	$2\,P_{AA}\,P_{Aa}$	1/2	1/2	0
AA et aa	$2\,P_{AA}\,P_{aa}$	0	1	0
Aa et Aa	P_{Aa}^2	1/4	1/2	1/4
Aa et aa	$2\,P_{Aa}\,P_{aa}$	0	1/2	1/2
aa et aa	P_{aa}^2	0	0	1

La probabilité d'un descendant avec génotype AA se calcule facilement à l'aide du tableau 3.3 en sommant le produit des probabilités de la deuxième colonne avec les probabilités conditionnelles dans les trois dernières colonnes. On obtient :

$$
\begin{aligned}
P_{AA} &= 1 \times P_{AA}^2 + 0,5 \times 2\,P_{AA}\,P_{Aa} + 0,25 \times P_{Aa}^2 \\
&= (P_{AA} + P_{Aa}/2)^2 = p_A^2 \\
P_{Aa} &= 0,5 \times 2\,P_{AA}\,P_{Aa} + 1 \times 2\,P_{AA}\,P_{aa} + 0,5 \times P_{Aa}^2 + 0,5 \times 2\,P_{aa}\,P_{Aa} \\
&= 2\,(P_{AA} + 0,5P_{Aa})\,(P_{aa} + 0,5P_{Aa}) = 2\,p_A\,p_a \\
P_{aa} &= 0,25 \times P_{Aa}^2 + 0,5 \times 2\,P_{AA}\,P_{Aa} + 1 \times P_{aa}^2 \\
&= (P_{aa} + P_{Aa}/2)^2 = p_a^2\,.
\end{aligned}
$$

Cela démontre que l'équilibre entre fréquences d'allèles et fréquences de génotypes s'installe immédiatement, d'une génération parentale quelconque à la génération des descendants. Même si, dans la génération des parents, P_{AA} n'était pas égale à p_A^2, parmi les descendants, l'équilibre serait valide.

Les hypothèses dont l'équilibre découle devraient être discutées davantage. Les unions peuvent, par exemple, être dictées par de multiples raisons. Soit parce qu'un éleveur veut provoquer un certain résultat, soit parce que la géographie sépare la population en sous-groupes, soit parce que des conventions sociales et culturelles forcent certains mariages. Dans tous ces cas, l'équilibre de l'aléatoire est brisé et a comme effet un surplus d'homozygotes. Si l'un des allèles procure un avantage de fertilité à son porteur, l'équilibre de Hardy-Weinberg n'est également pas observé. L'allèle avantageux a tendance à s'enrichir. Tout dépendra du comportement des génotypes. Est-ce que le fait de porter une seule copie de l'allèle avantageux est mieux que d'en avoir deux ? Si oui, une autre balance au niveau des fréquences p_A et p_a s'installera. Par la suite, nous allons étudier ces questions de façon plus approfondie.

3.1.1 Équilibre pour des gènes sur le chromosome sexuel

Une exception tout à fait simple à l'équilibre est présentée par les gènes se trouvant sur le chromosome sexuel X. Tandis qu'une femme possède deux copies du chromosomes X – elle en reçoit une du père et l'autre de la mère – l'homme en reçoit une seule copie de la mère. Pour plus de précision, nous allons à nouveau considérer deux allèles, A et a, mais parce que le gène se trouve sur le chromosome X, l'homme ne porte qu'une copie. Supposons que les fréquences des génotypes parmi les femmes et les hommes dans la génération des parents soient :

$$P_{AA}, P_{Aa}, P_{aa} \text{ (pour les femmes) et } Q_A, Q_a \text{ (pour les hommes).}$$

Les fréquences de l'allèle A parmi les femmes f_A et parmi les hommes m_A vérifient donc :

$$f_A = P_{AA} + \frac{1}{2}\,P_{Aa} \text{ et } m_A = Q_A.$$

Le tableau 3.4 montre les unions possibles et les conséquences sur les descendants masculins.

Table 3.4 – Probabilités conditionnelles des génotypes des descendants masculins en connaissant le génotype des parents. La deuxième colonne contient les fréquences des combinaisons de génotypes des parents. En sommant le produit des fréquences et des probabilités conditionnelles, on obtient la répartition des génotypes parmi les descendants.

génotypes mère ⊗ père	fréquence	génotypes et fréquences conditionnelles des descendants masculins $A-$	$a-$
$AA \otimes A-$	$P_{AA}\,Q_A$	1	0
$AA \otimes a-$	$P_{AA}\,Q_a$	1	0
$Aa \otimes A-$	$P_{Aa}\,Q_A$	1/2	1/2
$Aa \otimes a-$	$P_{Aa}\,Q_a$	1/2	1/2
$aa \otimes A-$	$P_{aa}\,Q_A$	0	1
$aa \otimes a-$	$P_{aa}\,Q_a$	0	1
		$P_{AA} + P_{Aa}/2 = f_A$	$P_{aa} + P_{Aa}/2 = (1 - f_A)$

Le tableau 3.5 indique les chiffres pour les descendants féminins. Les sommes dans les colonnes sont $Q_A(P_{AA}+P_{Aa}/2) = m_A f_A$, $Q_a(P_{AA}+P_{Aa}/2)+Q_A(P_{aa}+P_{Aa}/2) = m_a f_A + m_A f_a$ et $Q_a(P_{aa} + P_{Aa}/2) = m_a f_a$.

Table 3.5 – Probabilités conditionnelles des génotypes des descendants féminins en connaissant le génotype des parents. La deuxième colonne indique les fréquences des combinaisons de génotypes des parents. En sommant le produit des fréquences et des probabilités conditionnelles, on obtient la répartition des génotypes parmi les descendants.

génotypes mère ⊗ père	fréquence	fréquences et génotypes des descendants féminins AA	Aa	aa
$AA \otimes A-$	$P_{AA}\,Q_A$	1	0	0
$AA \otimes a-$	$P_{AA}\,Q_a$	0	1	0
$Aa \otimes A-$	$P_{Aa}\,Q_A$	1/2	1/2	0
$Aa \otimes a-$	$P_{Aa}\,Q_a$	0	1/2	1/2
$aa \otimes A-$	$P_{aa}\,Q_A$	0	1	0
$aa \otimes a-$	$P_{aa}\,Q_a$	0	0	1
		$m_A f_A$	$m_a f_A + m_A f_a$	$m_a f_a$

En résumant ces deux tableaux, on peut conclure que, dans la génération des descendants, la fréquence de l'allèle A parmi les hommes vaut f_A et, parmi les femmes $(2m_A f_A + m_a f_A + m_A f_a)/2 = (m_A + f_A)/2$. Le passage d'une génération à l'autre se fait donc selon le schéma

$$\begin{array}{lcl} \text{génération } g & \longrightarrow & \text{génération } g+1 \\ (m_A\,, f_A) & \longrightarrow & \left(f_A\,,\, \frac{1}{2}\, f_A + \frac{1}{2}\, m_A\right). \end{array}$$

Si l'on réitère ces transformations, les fréquences convergent vers la solution $f_A = m_A$, qui correspond à un équilibre stable, mais la convergence n'est pas immédiate. Si l'on commence par exemple avec $f_A = 0,35$ et $m_A = 0,05$, alors la fréquence de l'allèle A parmi les femmes suit le chemin suivant :

$$0,35 \rightarrow 0,20 \rightarrow 0,25 \rightarrow 0,225 \rightarrow \cdots$$

3.2 Estimer les fréquences d'allèles

Lorsque l'on invoque des arguments génétiques dans la recherche médicale, on suppose presque toujours que l'équilibre de Hardy-Weinberg est valide. Pour tout calcul de fréquences de génotypes et pour chiffrer la variation génétique, il est donc suffisant de connaître les allèles et leurs proportions dans la population. La méthode la plus simple pour déterminer la proportion d'allèles consiste à prendre un échantillon de n individus tirés au hasard et ensuite de déterminer leurs génotypes (« génotyper »).

Exemple 3.3 *(Groupes sanguins $\mathcal{A}$, $\mathcal{B}$, $\mathcal{AB}$, $\mathcal{O}$). En déterminant les groupes sanguins d'un échantillon de n individus tirés d'une population, on peut directement estimer les proportions des différents phénotypes. Si parmi n individus, $n_{\mathcal{A}}$, $n_{\mathcal{B}}$, $n_{\mathcal{AB}}$ et $n_{\mathcal{O}}$ ont respectivement les groupes $\mathcal{A}$, $\mathcal{B}$, $\mathcal{AB}$, et $\mathcal{O}$, les proportions des phénotypes sont estimées par $\widehat{p}_{\mathcal{A}} = n_{\mathcal{A}}/n$, $\widehat{p}_{\mathcal{B}} = n_{\mathcal{B}}/n$, $\widehat{p}_{\mathcal{AB}} = n_{\mathcal{AB}}/n$ et $\widehat{p}_{\mathcal{O}} = n_{\mathcal{O}}/n$.*

Dans un échantillon de 1 617 personnes du Pays Basque, par exemple, la répartition a été la suivante :

génotype	*AA, AO*	*AB*	*BB, BO*	*OO*
phénotype	$\mathcal{A}$	$\mathcal{AB}$	$\mathcal{B}$	$\mathcal{O}$
nombre observé	*724*	*20*	*110*	*763*
pourcentage	*44,8 %*	*1,3 %*	*6,8 %*	*47,2 %*

Les groupes $\mathcal{A}$ et $\mathcal{O}$ sont les plus fréquents. Le groupe $\mathcal{AB}$ est rare.

Pour tester si une population est en équilibre par rapport à un gène, on peut utiliser le test khi-deux de Pearson. Mais pour utiliser ce test, il nous faut les valeurs E_i et, pour cela, il faut connaître les probabilités des allèles. À partir de la classification en phénotypes, il faut donc pouvoir estimer les fréquences des allèles.

3.2.1 La méthode du maximum de la vraisemblance

La méthode du maximum de la vraisemblance offre une solution générale aux problèmes d'estimation. De tels problèmes se présentent comme suit. Avec une expérience ou une étude on obtient des données y. Ces observations contiennent une partie aléatoire incontrôlable due à de multiples causes, entre autres des erreurs de mesure ou un échantillonage partiel d'une population. Même si on n'arrive pas à contrôler les influences aléatoires, on peut décrire leurs effets. Soit $F(y|\theta)$ la fonction de répartition des données, et $f(y|\theta)$ la densité. Comme l'indique le nom, y est la donnée du problème, tandis que θ est l'inconnu. La vraisemblance est une fonction de l'inconnu θ, $V(\theta)$, dont la valeur est interprétée comme suit. $V(\theta_0)$ indique si θ_0 est, en vue des données y, un choix vraisemblable de l'inconnu. La méthode du maximum de la vraisemblance consiste à choisir les valeurs les plus vraisemblable des paramètres, celles qui optimisent la fonction V.

Définition 3.1 *Si les données y ont une densité $f(y|\theta)$ avec un paramètre inconnu $\theta \in \mathbb{R}^p$, la fonction de vraisemblance est définie comme*

$$V(\theta) = f(y|\theta).$$

La vraisemblance est donc simplement la valeur de la densité des données y et vue comme fonction du paramètre inconnu. La fonction log-vraisemblance est

$$\ell(\theta) = \ln\left(V(\theta)\right).$$

L'estimateur du maximum de la vraisemblance $\widehat{\theta}_{MV}(y)$ (ou $\widehat{\theta}$ tout court) vérifie :

$$\ell\left(\hat{\theta}_{MV}(y)\right) \geq \ell\left(\theta\right) \quad \textit{pour tout } \theta.$$

À quelques exceptions près, l'estimateur du maximum de la vraisemblance annule le gradient de la log-vraisemblance :

$$\dot{\ell}\left(\hat{\theta}_{\mathrm{MV}}(y)\right) = \tfrac{\partial \ell}{\partial \theta}\left(\hat{\theta}_{\mathrm{MV}}(y)\right) = 0.$$

Lorsque la dimension du paramètre est $p = 1$, la dérivée partielle est égale à la dérivée ordinaire $\dot{\ell} = \ell'$. Par contre, si $p > 1$, $\dot{\ell}$ est un vecteur de dimension p, car il y a une dérivée partielle par composante du paramètre θ.

Les deuxièmes dérivées partielles de la log-vraisemblance

$$\ddot{\ell}\left(\hat{\theta}_{\mathrm{MV}}(y)\right) = \tfrac{\partial^2 \ell}{\partial \theta^2}\left(\hat{\theta}_{\mathrm{MV}}(y)\right)$$

donnent une indication de la difficulté du problème d'estimation. Si $p = 1$, il s'agit tout simplement de la dérivée ordinaire $\ddot{\ell} = \ell''$; si $p > 1$, $\ddot{\ell}$ est une matrice de dimension $p \times p$ avec élément typique $\frac{\partial^2 \ell}{\partial \theta_k \partial \theta_l}$ pour $1 \leq k, l \leq p$. La figure 3.1 montre deux cas à dimension $p = 1$ avec deuxièmes dérivées très différentes.

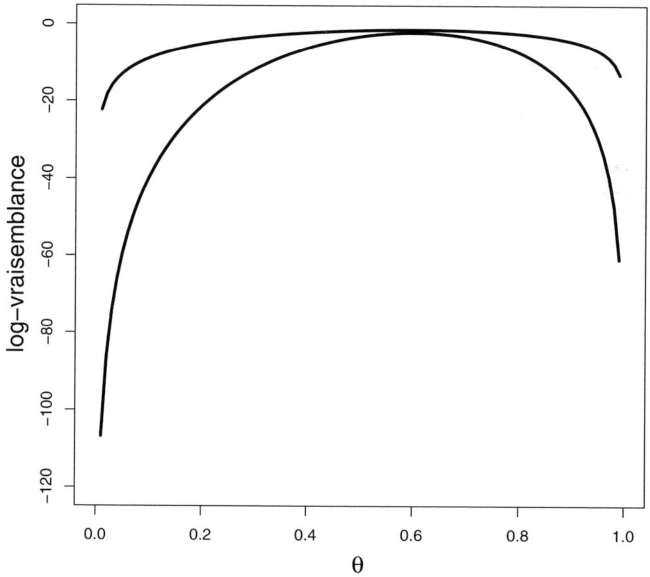

Figure 3.1 – Dans les deux cas, le paramètre θ se trouve entre 0 et 1 et la log-vraisemblance est optimisée par $\hat{\theta}_{\mathrm{MV}} = \frac{3}{5}$. Dans un cas, la log-vraisemblance est plus près d'une constante et beaucoup de valeur de θ sont presqu'autant vraisemblable que $\frac{3}{5}$. Dans l'autre cas, la distinction entre vraisemblable et invraisemblabe est plus nette.

La figure 3.1 montre que $\ddot{\ell}\left(\hat{\theta}_{\mathrm{MV}}(y)\right)$ est définie négative. On peut démontrer que

$$\left[-\ddot{\ell}\left(\hat{\theta}_{\mathrm{MV}}(y)\right)\right]^{-1}$$

est un estimateur de la variance de $\hat{\theta}_{\mathrm{MV}}$.

Parce que les méthodes basées sur la vraisemblance sont importantes, nous allons discuter quelques exemples.

Exemple 3.4 *Dans un sondage de n individus, on a déterminé le groupe sanguin et obtenu la classification $n = n_{\mathcal{A}} + n_{\mathcal{AB}} + n_{\mathcal{B}} + n_{\mathcal{O}}$. Pour le moment, nous sommes intéressés par l'estimation de la fréquence des phénotypes. Le paramètre est donc $\theta = (p_{\mathcal{A}}, p_{\mathcal{AB}}, p_{\mathcal{B}}, p_{\mathcal{O}})$ et la vraisemblance est égale à la probabilité de la répartition observée :*

$$V(p_{\mathcal{A}}, p_{\mathcal{AB}}, p_{\mathcal{B}}, p_{\mathcal{O}}) = P\left(n_{\mathcal{A}}, n_{\mathcal{AB}}, n_{\mathcal{B}}, n_{\mathcal{O}} | p_{\mathcal{A}}, p_{\mathcal{AB}}, p_{\mathcal{B}}, p_{\mathcal{O}}\right).$$

Parce que la répartition des n individus en groupes sanguins est du type multinomial, cette probabilité est facile à calculer. La vraisemblance multinomiale est :

$$V(p_{\mathcal{A}}, p_{\mathcal{AB}}, p_{\mathcal{B}}, p_{\mathcal{O}}) \propto (p_{\mathcal{A}})^{n_{\mathcal{A}}} (p_{\mathcal{AB}})^{n_{\mathcal{AB}}} (p_{\mathcal{B}})^{n_{\mathcal{B}}} (p_{\mathcal{O}})^{n_{\mathcal{O}}} ,$$

avec constante de proportionnalité $(n!)/\left[(n_{\mathcal{A}}!)(n_{\mathcal{AB}}!)(n_{\mathcal{B}}!)(n_{\mathcal{O}}!)\right]$.

La log-vraisemblance est égale à :

$$\begin{aligned}\ell(p_{\mathcal{A}}, p_{\mathcal{AB}}, p_{\mathcal{B}}, p_{\mathcal{O}}) = \;& \textit{constante} + n_{\mathcal{A}} \ln(p_{\mathcal{A}}) + n_{\mathcal{AB}} \ln(p_{\mathcal{AB}}) \\ & + n_{\mathcal{B}} \ln(p_{\mathcal{B}}) + n_{\mathcal{O}} \ln(p_{\mathcal{O}}) .\end{aligned}$$

Avant de procéder à l'optimisation de cette fonction, il faut se rendre compte d'une difficulté liée à cet exemple. Le paramètre θ est soumis à des conditions dont la plus importante est

$$p_{\mathcal{A}} + p_{\mathcal{AB}} + p_{\mathcal{B}} + p_{\mathcal{O}} = 1. \tag{3.2}$$

L'optimum de ℓ doit respecter cette contrainte. Heureusement, ce n'est pas trop difficile. Il est bien connu qu'en optimisant

$$\ell_L(\theta) = \ell(\theta) - \lambda(p_{\mathcal{A}} + p_{\mathcal{AB}} + p_{\mathcal{B}} + p_{\mathcal{O}} - 1)$$

par rapport aux paramètres et le multiplicateur de Lagrange λ, on peut trouver la solution. L'estimateur du maximum de vraisemblance annule donc les dérivées partielles de la fonction ℓ_L et vérifie :

$$\begin{aligned}\frac{\partial \ell_L}{\partial p_{\mathcal{A}}} = 0 \quad &: \quad \frac{n_{\mathcal{A}}}{\widehat{p}_{\mathcal{A}}} = \lambda \\ \frac{\partial \ell_L}{\partial p_{\mathcal{AB}}} = 0 \quad &: \quad \frac{n_{\mathcal{AB}}}{\widehat{p}_{\mathcal{AB}}} = \lambda \\ &: \quad \textit{et ainsi de suite pour } p_{\mathcal{B}} \textit{ et } p_{\mathcal{O}} \\ \frac{\partial \ell_L}{\partial \lambda} = 0 \quad &: \quad \widehat{p}_{\mathcal{A}} + \widehat{p}_{\mathcal{AB}} + \widehat{p}_{\mathcal{B}} + \widehat{p}_{\mathcal{O}} = 1 .\end{aligned}$$

Les solutions de ce système sont les estimateurs intuitifs que nous avons cités au tableau ci-dessus :

$$\widehat{p}_{\mathcal{A}} = n_{\mathcal{A}}/n,\ \widehat{p}_{\mathcal{AB}} = n_{\mathcal{AB}}/n,\ \textit{etc.}$$

Le calcul des deuxièmes dérivées partielles sous la condition (3.2) donne l'estimateur de la variance de $\widehat{\theta}$ suivante :

$$\widehat{Var}\left(\hat{\theta}\right) = \begin{pmatrix} \frac{\widehat{p}_{\mathcal{A}}(1-\widehat{p}_{\mathcal{A}})}{n} & -\frac{\widehat{p}_{\mathcal{A}}\widehat{p}_{\mathcal{AB}}}{n} & -\frac{\widehat{p}_{\mathcal{A}}\widehat{p}_{\mathcal{B}}}{n} & -\frac{\widehat{p}_{\mathcal{A}}\widehat{p}_{\mathcal{O}}}{n} \\ -\frac{\widehat{p}_{\mathcal{A}}\widehat{p}_{\mathcal{AB}}}{n} & \frac{\widehat{p}_{\mathcal{AB}}}{(1-\widehat{p}_{\mathcal{AB}})}n & -\frac{\widehat{p}_{\mathcal{AB}}\widehat{p}_{\mathcal{B}}}{n} & -\frac{\widehat{p}_{\mathcal{AB}}\widehat{p}_{\mathcal{O}}}{n} \\ -\frac{\widehat{p}_{\mathcal{A}}\widehat{p}_{\mathcal{B}}}{n} & -\frac{\widehat{p}_{\mathcal{AB}}\widehat{p}_{\mathcal{B}}}{n} & \frac{\widehat{p}_{\mathcal{B}}(1-\widehat{p}_{\mathcal{B}})}{n} & -\frac{\widehat{p}_{\mathcal{B}}\widehat{p}_{\mathcal{O}}}{n} \\ -\frac{\widehat{p}_{\mathcal{A}}\widehat{p}_{\mathcal{O}}}{n} & -\frac{\widehat{p}_{\mathcal{AB}}\widehat{p}_{\mathcal{O}}}{n} & -\frac{\widehat{p}_{\mathcal{B}}\widehat{p}_{\mathcal{O}}}{n} & \frac{\widehat{p}_{\mathcal{O}}(1-\widehat{p}_{\mathcal{O}})}{n} \end{pmatrix}$$

Exemple 3.5 *Quatre personnes sur 10 000 souffrent d'une certaine maladie génétique causée par un allèle récessif. Quelle est la proportion de la population qui est porteuse de cet allèle ? On peut donner une réponse à cette question uniquement si l'on suppose que la population est en équilibre. Notons les deux formes du gène* $+$ *pour l'allèle normal et* $-$ *pour l'allèle qui est à la base de la maladie et soient* p_+ *et* p_- *les proportions des allèles. En équilibre, la proportion des individus avec génotype* $--$ *est* $P_{--} = p_-^2$*. On a donc* $p_-^2 \approx 4/10\,000$ *et* $p_- \approx 1/50$*. Finalement, on peut calculer la proportion des individus avec génotype héterozygote* $+-$ *pour laquelle on obtient* $2p_-(1-p_-) \approx 2 \times 2 \times 98/100^2 = 0.039$*.*

Supposons maintenant que dans un sondage de $n = 10\,000$ *personnes, on trouve* $x = 4$ *avec la maladie génétique. Comment estimer* p_- *par la méthode du maximum de la vraisemblance ? Le nombre* x *est une observation binomiale avec vraisemblance*

$$V(p_-) \propto (P_{--})^x \, (1 - P_{--})^{n-x}.$$

La log-vraisemblance est donc :

$$\ell(p_-) = constante + x \, \ln\left(p_-^2\right) + (n-x) \, \ln\left(1 - p_-^2\right).$$

Les dérivées de cette fonction sont :

$$\begin{aligned} \ell'(p_-) &= \tfrac{2x}{p_-} - \tfrac{2p_-(n-x)}{1-p_-^2} \\ \ell''(p_-) &= -\tfrac{2x}{p_-^2} - \tfrac{2(n-x)}{1-p_-^2} - \tfrac{(2p_-)^2(n-x)}{(1-p_-^2)^2}. \end{aligned}$$

La log-vraisemblance est maximisé par la racine $\ell'(\hat{p}_-) = 0$*, c'est-à-dire* $\hat{p}_- = \sqrt{x/n}$*. On trouve donc le même estimateur que ci-dessus. Pour la deuxième dérivée on a* $\ell''(\hat{p}_-) = -4x^2/(n-x)$*. La variance de l'estimateur* $\hat{p}_-$ *est donc :*

$$\widehat{Var}(\hat{p}_-) = -1/\ell''(\hat{p}_-) = (n-x)/(4x^2) = (1-\hat{p}_-^2)/(4n).$$

Avec nos chiffres, on obtient $\hat{p}_- = \sqrt{4/10\,000} = 0,02$*. L'écart-type de cet estimateur vaut* $0,005$*.*

Exemple 3.6 *Les groupes sanguins M, N et MN résultent d'une gène à deux allèles co-dominants. Les individus héterozygote ont un phénotype MN, différent des deux homozygotes MM et NN. Dans un sondage de 3 100 Polonais, on a obseré 1 101 fois MM, 1 496 fois MN et 503 fois NN. On souhaite estimer les fréquences des allèles* p_M *et* $p_N = 1 - p_M$ *sous condition que l'équilibre de Hardy-Weinberg est valide. Dans ce problème, la vraisemblance est*

$$V(p_M) \propto [(p_M)^2]^{1101}[2p_M(1-p_M)]^{1496}[(1-p_M)^2]^{503}.$$

La log-vraisemblance et ses dérivées sont :

$$\begin{aligned}\ell(p_M) &= \textit{constante} + 2 \times 1101 \ln(p_M) + 1496 \ln(p_M) + 1496 \ln(1-p_M) \\ &\quad +2 \times 503 \ln(1-p_M) \\ \ell'(p_M) &= \tfrac{2\times 1101+1496}{p_M} - \tfrac{2\times 503+1496}{1-p_M} \\ \ell''(p_M) &= -\tfrac{2\times 1101+1496}{p_M^2} - \tfrac{2\times 503+1496}{(1-p_M)^2}.\end{aligned}$$

La valeur de p_M *qui annule la première dérivée est* $\hat{p}_M = \frac{2\times 1101+1496}{2n} = \frac{1101}{3100} + \frac{1}{2}\frac{1496}{3100} = 0,596$. *En substituant cette valeur dans la deuxième dérivée, on trouve* $\widehat{Var}[\hat{p}_M] = -1/ell''(\hat{p}_M) = \hat{p}_M(1-\hat{p}_M)/(2n) = (0,0062)^2$.

Le test du rapport des vraisemblances

La vraisemblance est utile pour juger si une valeur particulière du paramètre θ. La meilleure valeur dans le sens de la vraisemblance est l'estimateur $\hat{\theta}_{\mathrm{MV}}$ qui optimise la vraisemblance. Pour comparer avec une autre valeur θ_0, on se base sur le rapport $V(\hat{\theta}_{\mathrm{MV}})/V(\theta_0)$. Ce quotient est toujours plus grand que 1, parce que la plus grande valeur possible de la fonction V est dans le numérateur. Un très grand quotient indique que θ_0 est une valeur du paramètre qui n'est pas en accord avec les données. Si, en revanche, le quotient est près de 1, la valeur θ_0 pourrait très bien être correcte. Le rapport des vraisemblances est donc utile pour tester l'hypothèse nulle que θ_0 est la vraie valeur du paramètre. On peut démontrer que

$$S = 2\ln\left(\frac{V(\hat{\theta}_{\mathrm{MV}})}{V(\theta_0)}\right) = 2\left(\ell(\hat{\theta}_{\mathrm{MV}}) - \ell(\theta_0)\right)$$

possède une loi nulle qui est approximativement égale à une loi khi-deux avec $\dim(\theta)$ degrés de liberté.

Exemple 3.7 *Dans cet exemple, nous utilisons les données des groups sanguins MN pour tester l'équilibre de Hardy-Weinberg. Pour calculer le rapport des vraisemblances, il faut utiliser le paramètre* $\theta = (P_{MM}, P_{MN}, P_{NN})$ *à la place de* p_M, *car sinon il faut faire appel à l'équilibre de Hardy-Weinberg. La vraisemblance devient*

$$V(P_{MM}, P_{MN}, P_{NN}) \propto P_{MM}^{1101} P_{MN}^{1496} P_{NN}^{503}$$

et l'estimateur que l'on obtient est $\hat{P}_{MM} = 1101/n$, $\hat{P}_{MN} = 1496/n$ *et* $\hat{P}_{NN} = 503/n$. *Sous l'hypothése nulle de l'équilibre de Hardy-Weinberg, on sait que* $P_{MM} = p_M^2$, $P_{MN} = 2p_M p_N$ *et* $P_{NN} = p_N^2$. *L'estimateur du maximum de la vraisemblance de* p_M *est la valeur qui maximise* $V(P_{MM} = p_M^2, P_{MN} = 2p_M(1-p_M), P_{NN} = (1-p_M)^2)$, *c'est-à-dire* $\hat{p}_M = \frac{1101}{n} + \frac{1}{2}\frac{1496}{n}$. *Pour voir si la solution sous l'hypothèse nulle de l'équilibre est acceptable, on peut utiliser le test du rapport des vraisemblances*

$$S = 2\left(\ln\left[V(\hat{P}_{MM}, \hat{P}_{MN}, \hat{P}_{NN})\right] - \ln\left[V(\hat{p}_M^2, 2\hat{p}_M(1-\hat{p}_M), (1-\hat{p}_M)^2)\right]\right)$$

Un calcul élémentaire montre que

$$S = 2\Big[1101 \ln\left(\frac{1101}{(1101+1496/2)^2/n}\right) + 1496 \ln\left(\frac{1496}{(1101+1496/2)(503+1496/2)/n}\right) + 503 \ln\left(\frac{503}{(503+1496/2)^2/n}\right)\Big] = 0,0188.$$

Le nombre de degrés de liberté est égale à la différence de la dimensions du paramètre dans les deux termes de S, c'est-à-dire $2-1=1$. La valeur de notre S est égale au quantile $0,11$ de cette loi khi-deux.

Si, dans un sondage, n objets sont classés selon k types, on peut résumer le résultat par les observations O_i pour $1 \leq i \leq k$, où O_i est le nombre d'objets du type i. Le paramètre du problème est $\theta = (p_1, \ldots, p_k)$ avec p_i la probabilité de la classe i et la fonction de vraisemblance et la log-vraisemblance vérifient :

$$\begin{aligned} V(p_1, \ldots, p_k) &\propto p_1^{n_1} p_2^{n_2} \cdots p_k^{n_k} \\ \ell(p_1, \ldots, p_k) &= \text{constante} + n_1 \ln(p_1) + \cdots + n_k \ln(p_k). \end{aligned}$$

Le test du rapport des vraisemblances d'une hypothèse nulle qui fixe la valeur du paramètre $\theta_0 = (p_{10}, \ldots, p_{k0})$ est :

$$S = 2\left[n_1 \ln(\hat{p}_1/p_{10}) + \cdots + n_1 \ln(\hat{p}_k/p_{k0})\right],$$

avec $\hat{p}_i = n_i/(n_1 + \cdots + n_k) = n_i/n$. En posant le nombre espéré du nombre d'objets dans la classe i sous l'hypothèse nulle égale à $E_i = (n_1 + \cdots + n_k)p_{i0} = np_{i0}$, on peut écrire :

$$S = 2\left[O_1 \ln(O_1/E_1) + \cdots + O_k \ln(\hat{O}_k/E_k)\right] \tag{3.3}$$

Ce test, parfois appelé le test G, est comparable au test khi-deux de Pearson (voir [1.1], p. 5).

3.2.2 Estimer les fréquences d'allèles

Déterminer les fréquences des phénotypes sur la base d'une sondage est facile, mais estimer les fréquences des allèles ne l'est pas, à cause de la dominance et co-dominance. Dans le cas des groupes sanguins, par exemple, il est impossible de savoir combien de personnes parmi les $n_{\mathcal{A}}$ personnes de groupe sanguin $\mathcal{A}$ ont le génotype AA et combien ont le génotype AO.

Essayons quand-même d'appliquer la méthode du maximum de la vraisemblance. Cette fois, le paramètre est

$$\theta = (p_A, p_B, p_O),$$

soumis à la condition $p_A + p_B + p_O = 1$, et la vraisemblance est

$$V(p_A,\, p_B,\, p_O) = P\left(n_{\mathcal{A}},\, n_{\mathcal{AB}},\, n_{\mathcal{B}},\, n_{\mathcal{O}} | p_A,\, p_B,\, p_O\right).$$

Selon les formules de Hardy-Weinberg, un individu choisi au hasard est de groupe sanguin $\mathcal{A}$ avec probabilité $P_{AA}+P_{AO} = p_A^2+2p_Ap_O$. La chance qu'il ait le groupe $\mathcal{B}$ est $P_{BB}+P_{BO} = p_B^2+2p_Bp_O$, celle du groupe $\mathcal{AB}$ est $P_{AB} = 2p_Ap_B$ et celle du groupe $\mathcal{O}$ est $P_{OO} = p_O^2$. La vraisemblance multinomiale nous donne :

$$V(p_A,\, p_B,\, p_O) \propto \left(2p_A p_O + p_A^2\right)^{n_{\mathcal{A}}} \left(2p_A p_B\right)^{n_{\mathcal{AB}}} \left(p_B^2 + 2p_B p_O\right)^{n_{\mathcal{B}}} \left(p_O^2\right)^{n_{\mathcal{O}}},$$

avec constante de proportionnalité $(n!)/\left[(n_{\mathcal{A}}!)(n_{\mathcal{AB}}!)(n_{\mathcal{B}}!)(n_{\mathcal{O}}!)\right]$. Pour la log-vraisemblance on trouve :

$$\begin{aligned}\ell(p_A,\, p_A,\, p_O) = \ \text{constante} &+ n_{\mathcal{A}} \ln(2p_A p_O + p_A^2) + n_{\mathcal{AB}} \ln(2p_A p_B) \\ &+ n_{\mathcal{B}} \ln(2p_B p_O + p_B^2) + 2n_{\mathcal{O}} \ln(p_O).\end{aligned}$$

Cette fois, l'optimisation de la Lagrangienne ℓ_L amène à des expressions non-linéaires qui n'ont pas de solution analytique. Ces difficultés sont dues au fait que les probabilités des groupes sont des polynômes en θ et que les dérivées partielles sont des fonctions rationnelles.

Il est intéressant de constater que le problème décrit ci-dessus a été à l'origine d'une nouvelle méthode d'optimisation par itérations, appelé l'algorithme EM. Il s'agit d'une méthode numérique inspirée par la statistique, qui est intuitive et versatile.

3.2.3 Algorithme EM : motivation et exemple

L'idée sur laquelle repose la méthode dite « EM » est la reconnaissance qu'une modification des données simplifie le problème. En effet, si l'on connaissait non pas les phénotypes, mais directement les génotypes, l'estimation serait triviale.

Exemple 3.8 *Supposons qu'au lieu des données $y = (n_{\mathcal{A}},\, n_{\mathcal{B}},\, n_{\mathcal{AB}},\, n_{\mathcal{O}})$, nous ayons $x = (m_{AA},\, m_{AO},\, m_{BB},\, m_{BO},\, m_{AB},\, m_{OO})$ où m_K sont les personnes avec génotype K et donc $m_{AA} + m_{AO} = n_{\mathcal{A}}$, $m_{BB} + m_{BO} = n_{\mathcal{B}}$, $m_{AB} = n_{\mathcal{AB}}$, et $m_{OO} = n_{\mathcal{O}}$. La vraisemblance pour ces nouvelles données est :*

$$\begin{aligned}V_X(p_A,\, p_B,\, p_O) = \frac{n!}{m_{AA}! \cdots m_{OO}!}\, & p_A^{2m_{AA}} (2p_A p_O)^{m_{AO}} \\ & p_B^{2m_{BB}} (2p_B p_O)^{m_{BO}} (2p_A p_B)^{m_{AB}} p_O^{2m_{OO}} \\ \propto p_A^{2m_{AA}+m_{AO}+m_{AB}} & \, p_B^{2m_{BB}+m_{BO}+m_{AB}} p_O^{m_{AO}+m_{BO}+2m_{OO}}.\end{aligned}$$

La log-vraisemblance est :

$$\begin{aligned}\ln(V_X(p_A,\, p_B,\, p_O)) = \textit{constante} + (2m_{AA} + 2m_{AB} + m_{AO}) \ln(p_A) + \\ (2m_{BB} + m_{AB} + m_{BO}) \ln(p_B) + (m_{AO} + m_{BO} + 2m_{OO}) \ln(p_O). \quad (3.4)\end{aligned}$$

Dans cette fonction, les polynômes en θ ont disparu et l'estimateur du maximum de vraisemblance est facile à calculer :

$$\begin{aligned} \widehat{p}_A &= \frac{2m_{AA} + m_{AO} + m_{AB}}{2n} \\ \widehat{p}_B &= \frac{2m_{BB} + m_{BO} + m_{AB}}{2n} \\ \widehat{p}_O &= \frac{m_{AO} + m_{BO} + 2m_{OO}}{2n}. \end{aligned} \tag{3.5}$$

Les situations où l'algorithme EM est utile peuvent être résumées ainsi. Avec les données dont nous disposons réellement, y, l'estimation est difficile. Avec les données plus fines, x, l'estimation est facile, mais nous n'en disposons pas. Dans un contexte général, soient donc y_{obs} les données observées et soit θ le paramètre que nous souhaitons estimer. La densité des données est $f_Y(y \mid \theta)$ et la fonction de vraisemblance est $V_Y(\theta) = f_Y(y_{\text{obs}} \mid \theta)$. L'estimateur $\widehat{\theta}$ du maximum de la vraisemblance est tel que $ell_Y(\widehat{\theta}) = \ln\left(V_Y(\widehat{\theta})\right) \geq \ell_Y(\theta)$ pour tout θ. En ajoutant une composante d'information supplémentaire Z aux données Y, la vraisemblance se simplifie. Tout en augmentant la complexité

$$\begin{array}{ccc} Y & \to & (Y, Z) = X \\ \text{données} & \to & \text{données augmentées} \end{array}$$

la loi $f_X(x \mid \theta)$ devient plus facile à analyser que $f_Y(y \mid \theta)$. Parce qu'on ne dispose pas de la valeur x_{obs}, on procède à une estimation en remplaçant

$$\ell_X(\theta) = \ln(V_X(\theta)) = \ln(f_X(x_{\text{obs}} \mid \theta))$$

par son espérance mathématique

$$Q(\theta|\eta) = E\left(\ln\left(f_X(X \mid \theta)\right)|Y = y_{\text{obs}}, \theta = \eta\right) = E\left(\ell_X(\theta)|Y = y_{\text{obs}}, \theta = \eta\right).$$

L'espérance est calculée par rapport à la densité conditionnelle de X sous condition $Y = y_{\text{obs}}$.

Le but ultime consiste à optimiser $\ell_Y(\theta)$ et l'algorithme EM y arrive en s'appuyant sur $Q(\theta|\eta)$. La démarche est telle que l'on calcule une suite θ_0, θ_1, $\theta_2, \ldots$ d'approximations de $\widehat{\theta}$.

Exemple 3.9 *Dans l'exemple des groupes sanguins, le logarithme de la vraisemblance des données augmentées (3.4) ne dépend que de $2m_{AA} + 2m_{AB} + m_{AO} = n_{\mathcal{A}} + 2n_{\mathcal{AB}} + m_{AA}$, de $2m_{BB} + m_{AB} + m_{BO} = n_{\mathcal{B}} + 2n_{\mathcal{AB}} + m_{BB}$, et de $m_{AO} + m_{BO} + 2m_{OO} = (n_{\mathcal{A}} - m_{AA}) + (n_{\mathcal{B}} - m_{BB}) + 2n_{\mathcal{O}}$. Pour calculer l'espérance conditionnelle $Q(p_A, p_B, p_O|p_A = p_A^i, p_B = p_B^i, p_O = p_O^i)$, il suffit donc de trouver les espérances $E(m_{AA}|Y = y_{obs}, p_A = p_A^i, p_B = p_B^i, p_O = p_O^i)$ et $E(m_{BB}|Y = y_{obs}, p_A = p_A^i, p_B = p_B^i, p_O = p_O^i)$. Ce calcul est simple, car m_{AA}*

est le nombre d'individus de groupe sanguin $\mathcal{A}$ qui ont le génotype homozygote et suit donc une loi binomiale

$$m_{AA} \sim \mathcal{B}\left(n_{\mathcal{A}},\ \frac{(p_A^i)^2}{(p_A^i)^2 + 2p_A^i\, p_O^i}\right)$$

et de même pour m_{BB}

$$m_{BB} \sim \mathcal{B}\left(n_{\mathcal{B}},\ \frac{(p_B^i)^2}{(p_B^i)^2 + 2p_B^i\, p_O^i}\right).$$

Les espérances dont nous avons besoin sont égales à

$$\begin{aligned} E\left(m_{AA} \mid Y = y_{obs},\ p_A = p_A^i,\ p_B = p_B^i,\ p_O = p_O^i\right) &= n_{\mathcal{A}} \cdot \frac{(p_A^i)^2}{(p_A^i)^2 + 2p_A^i\, p_O^i} \\ E\left(m_{BB} \mid Y = y_{obs},\ p_A = p_A^i,\ p_B = p_B^i,\ p_O = p_O^i\right) &= n_{\mathcal{B}} \cdot \frac{(p_B^i)^2}{(p_B^i)^2 + 2p_B^i\, p_O^i}. \end{aligned}$$

En substituant ces valeurs dans (3.4), on peut calculer la fonction Q. Ensuite, de nouvelles estimations du paramètre peuvent être calculé à l'aide de (3.5). En commençant avec des valeurs initiales p_A^0, p_B^0, p_O^0 et en alternant calcul de Q et optimisation de Q, on obtient ainsi une suite d'estimations.

3.2.4 Algorithme EM : définition et exemple

L'algorithme EM alterne le calcul d'une sorte de log-vraisemblance approximative Q avec l'optimisation de cette fonction. Au départ, on choisit une valeur initiale du paramètre, θ_0. Ensuite, on utilise θ_0 pour calculer l'espérance des statistiques dont on a besoin pour déterminer $Q(\theta|\theta_0)$. Puis on trouve la valeur de θ qui maximise cette fonction Q. Cette valeur nous donne θ_1, et ainsi de suite.

En général, le schéma de l'algorithme est le suivant :

[**EM0**] Choisir une valeur initiale θ_0 et poser $i = 0$.

[**EM1**] Calculer $Q(\theta \mid \theta_i) = E\left(\ln(V_X(\theta))|\theta = \theta_i,\ y_{\text{obs}}\right)$, où l'espérance est par rapport à la densité conditionnelle $f_{X|Y}(x \mid \theta_i,\ y_{\text{obs}})$.

[**EM2**] Maximiser $Q(\theta \mid \theta_i)$ par rapport à θ et poser $\theta_{i+1} = \text{argmax}\ \ Q(\theta \mid \theta_i)$.

[**EM3**] Tester pour convergence $(\theta_{i+1} - \theta_i \approx 0)$. Soit on s'arrête, soit on pose $i = i + 1$ et on reprend avec [EM1].

Exemple 3.10 *Dans l'exemple 3.1 les données étaient telles que*

$$\begin{aligned} m_{AA} \quad + \quad m_{AO} &= n_{\mathcal{A}} = 724 \\ m_{AB} &= n_{\mathcal{AB}} = 20 \\ m_{BB} \quad + \quad m_{BO} &= n_{\mathcal{B}} = 110 \\ m_{OO} &= n_{\mathcal{O}} = 723 \end{aligned}$$

avec $n = 724 + 20 + 110 + 763 = 1\,617$. *Si on commence les calculs avec* $p_A^0 = p_B^0 = p_O^0 = 1/3$*, les espérances conditionnelles de* m_{AA} *et de* m_{BB} *sont :*

$$\begin{aligned} E\left(m_{AA} \mid Y = y_{obs}, \theta^0\right) &= 724 \frac{1/9}{1/9 + 2/9} = 241 \\ E\left(m_{BB} \mid Y = y_{obs}, \theta^0\right) &= 110 \frac{1/9}{1/9 + 2/9} = 36\tfrac{2}{3}. \end{aligned}$$

Avec (3.5) on trouve donc pour $\theta_1 = (p_A^1, p_B^1, p_O^1)$ *:*

$$\begin{aligned} p_A^1 &= \frac{2 \times 241 + (724 - 241) + 20}{2 \times 1\ 617} = 0,30 \\ p_B^1 &= \frac{2 \times 36,667 + (110 - 36,667) + 20}{2 \times 1\ 617} = 0,05 \\ p_O^1 &= 1 - p_A^1 - p_B^1 = 0,65. \end{aligned}$$

Ensuite, on recalcule les espérances conditionnelles et ainsi de suite. La suite des estimations converge vers les valeurs estimées $\widehat{p}_A = 0,266$*,* $\widehat{p}_B = 0,041$*,* $\widehat{p}_O = 0,693$.

3.2.5 Algorithme EM : propriétés

L'algorithme EM ne converge pas forcément vers le maximum de la vraisemblance $V_Y(\theta)$, mais on peut démontrer le résultat suivant.

Proposition 3.1 *Dans l'algorithme EM, la suite des approximations* $\theta_0, \theta_1, \theta_2, \ldots$ *vérifie*

$$V_Y(\theta_{i+1}) \geq V_Y(\theta_i).$$

Démonstration. Soit $f_Y(y \mid \theta)$ la densité des données observées et soit $f_X(x \mid \theta)$ celle des données augmentées. Pour tout θ, on a

$$\begin{aligned} Q(\theta \mid \theta_i) - \ln(V_Y(\theta)) &= \mathrm{E}\left[\ln(f_X(X \mid \theta)) \mid Y = y_{\text{obs}}, \theta = \theta_i)\right] - \ln(f_Y(y_{\text{obs}} \mid \theta)) \\ &= \mathrm{E}\left[\ln \frac{f_X(X \mid \theta)}{f_Y(y_{\text{obs}} \mid \theta)} \,\middle|\, Y = y_{\text{obs}}, \theta = \theta_i\right] \\ &\leq \mathrm{E}\left[\ln\left(\frac{f_X(X \mid \theta_i)}{f_Y(y_{\text{obs}} \mid \theta_i)}\right) \,\middle|\, Y = y_{\text{obs}}, \theta = \theta_i\right] \\ &= \mathrm{E}\left[\ln f_X(X \mid \theta_i) - \ln f_Y(y_{\text{obs}} \mid \theta_i) \mid Y = y_{\text{obs}}, \theta_i\right] \\ &= Q(\theta_i \mid \theta_i) - \ln V_Y(\theta_i). \end{aligned} \tag{3.6}$$

Cette borne supérieure est valable aussi si l'on pose $\theta = \theta_{i+1}$. Il s'ensuit que

$$\ln V_Y(\theta_{i+1}) \geq Q(\theta_{i+1} \mid \theta_i) - Q(\theta_i \mid \theta_i) + \ln V_Y(\theta_i) \geq \ln V_Y(\theta_i),$$

car $Q(\theta_{i+1} \mid \theta_i) - Q(\theta_i \mid \theta_i) \geq 0$. Il reste à démontrer l'inégalité (3.6), c'est-à-dire

$$E\left(\ln\left(\frac{f_X(X \mid \theta)}{f_Y(y_{\text{obs}} \mid \theta)}\right) \,\Big|\, Y = y_{\text{obs}},\, \theta = \theta_i\right) \leq \\ E\left(\ln\left(\frac{f_X(X \mid \theta_i)}{f_Y(y_{\text{obs}} \mid \theta_i)}\right) \,\Big|\, Y = y_{\text{obs}},\, \theta = \theta_i\right).$$

La preuve se base sur la remarque que le rapport

$$\frac{f_X(x \mid \theta)}{f_Y(y_{\text{obs}} \mid \theta)} = f_{X|Y}(x|Y = y_{\text{obs}}, \theta)$$

n'est rien d'autre que la densité conditionnelle de X sous condition $Y = y_{\text{obs}}$. L'inégalité (3.6) est donc équivalente à

$$\int \ln\left(f_{X|Y}(x|Y = y_{\text{obs}}, \theta)\right) f_{X|Y}(x|Y = y_{\text{obs}}, \theta_i) dx \leq \\ \int \ln\left(f_{X|Y}(x|Y = y_{\text{obs}}, \theta_i)\right) f_{X|Y}(x|Y = y_{\text{obs}}, \theta_i) dx\,,$$

ou bien

$$\int -\ln\left(\frac{f_{X|Y}(x|Y = y_{\text{obs}}, \theta)}{f_{X|Y}(x|Y = y_{\text{obs}}, \theta_i)}\right) f_{X|Y}(x|Y = y_{\text{obs}}, \theta_i)\, dx \geq 0\,.$$

Sous cette forme, il s'agit tout simplement de l'inégalité de Jensen. Parce que $-\ln(u)$ est convexe en u,

$$\int -\ln\left(\frac{f_{X|Y}(x|Y = y_{\text{obs}}, \theta)}{f_{X|Y}(x|Y = y_{\text{obs}}, \theta_i)}\right) f_{X|Y}(x|Y = y_{\text{obs}}, \theta_i)\, dx \geq \\ -\ln\left(\int \frac{f_{X|Y}(x|Y = y_{\text{obs}}, \theta)}{f_{X|Y}(x|Y = y_{\text{obs}}, \theta_i)} f_{X|Y}(x|Y = y_{\text{obs}}, \theta_i)\, dx\right) = 0$$

Malheureusement, l'algorithme EM ne fournit pas directement la matrice des deuxièmes dérivées partielles de la log-vraisemblance.

3.3 Populations stratifiées et unions consanguines

À la section 3.1, nous avons étudié les circonstances sous lesquelles s'installe un équilibre entre les différentes formes alléliques d'un gène. Si deux sous-ensembles d'une population restent séparés lors de la procréation et si un mélange aléatoire n'a lieu qu'à l'intérieur des sous-groupes, les hypothèses du lemme de Hardy-Weinberg ne sont pas vérifiées. Quels seront les effets d'une telle situation ?

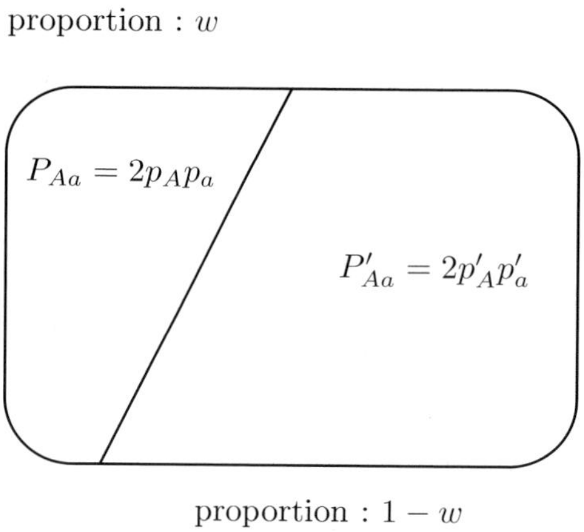

Une population se divise en deux sous-populations de taille relatif $w/(1-w)$. Les individus des deux sous-populations se mélangent aléatoirement et les proportions des génotypes sont en équilibre :

$$\begin{aligned} P_{Aa} &= 2p_A p_a \\ P'_{Aa} &= 2p'_A p'_a \end{aligned}$$

Les proportions des allèles dans la population entière sont :

$$\begin{aligned} p_A^{\text{pop}} &= w p_A + (1-w)p'_A \\ p_a^{\text{pop}} &= w p_a + (1-w)p'_a. \end{aligned}$$

Même si dans les deux sous-groupes l'équilibre s'installe, ce n'est pas le cas dans la population entière. Si l'on regarde la fréquence du génotype homozygote AA on constate que :

$$P_{AA}^{\text{pop}} = w\, P_{AA} + (1-w)P'_{AA} = w\, p_A^2 + (1-w){p'}_A^2 \geq (w\, p_A + (1-w)p'_A)^2 \,.$$

Cette inégalité est tout simplement une conséquence de la convexité de la fonction $f(x) = x^2$ et elle montre que, dans la population entière, les génotypes homozygotes sont présents dans une proportion trop grande par rapport à l'équilibre de Hardy-Weinberg. En revanche, les hétérozygotes sont sous-représentés :

$$P_{Aa}^{\text{pop}} \leq 2p_A^{\text{pop}}\, p_a^{\text{pop}} \,. \tag{3.7}$$

En d'autres mots, si pour une raison ou une autre les unions ne sont pas aléatoires, il en résulte un manque d'individus avec génotype hétérozygote et un excès d'individus homozygotes. Le déséquilibre se manifeste par

$$P_{AA}^{\text{pop}} \geq (p_A^{\text{pop}})^2 \,,\; P_{aa}^{\text{pop}} \geq (p_a^{\text{pop}})^2 \quad \text{et} \quad P_{Aa}^{\text{pop}} \leq (2p_{aA}^{\text{pop}}\, p_a^{\text{pop}}) \,,$$

et l'excès des homozygotes $P_{AA}^{\text{pop}} - P_{AA}^{\text{equil}}$ vaut :

$$\begin{aligned} P_{AA}^{\text{pop}} - P_{AA}^{\text{equil}} &= w\, p_A^2 + (1-w){p_A}'^2 - (w\, p_A + (1-w)p'_A)^2 \\ &= w(p_A - p_A^{\text{pop}})^2 + (1-w)\,(p'_A - p_A^{\text{pop}})^2 \,. \end{aligned}$$

Cette quantité est effectivement non-négative et n'est rien d'autre que la variance des proportions de l'allèle A entre sous-populations. Si $p_A = p'_A$, l'équilibre globale est valide et le déséquilibre le plus marqué se produit donc lorsque

$p_A = 1$ et $p'_A = 0$. Dans ce cas, une des sous-populations est entièrement constituée du génotype AA et l'autre du génotype aa. Aucun individu de génotype hétérozygote n'existe dans ce cas.

Exemple 3.11 *La maladie Tay-Sachs est une maladie génétique du type neurodégénérative. L'allèle a qui cause la maladie est recessif, c'est-à-dire seul le génotype aa est dangereux. La maladie est très rare, seulement une naissance sur 500 000. Dans des populations de petite taille, le taux peut monter. Dans la communauté juive européenne, par exemple, le taux de Tay-Sachs s'élève à environ une naissance sur 6 000. L'excès d'individus homozygotes met en évidence une maladie génétique qui devrait être rare.*

Lorsque les unions se font dans un cercle limité, on parle de consanguinité. Cette notion est liée à l'existence d'ancêtres communs des deux parents d'un individu dans un passé proche. Un parent et son descendant partagent la moitié de leur génome. Deux descendants issus de la même union ont un quart de leur génome en commun. Pour cette raison, la variation génétique entre frère et sœur, entre sœurs, et entre frères est beaucoup moins grande que celle entre deux individus tirés aléatoirement. Cette réduction de la diversité génétique est l'effet principal de la consanguinité. Dans l'expérimentation génétique avec bactéries, levures, plantes, etc., l'utilisation d'unions consanguines est fréquente et éclaircit ce phénomène.

Exemple 3.12 *Les descendants issus de croisement de deux espèces de plantes sont des hybrides de génération F_1. En croisant les individus de F_1 entre eux, on obtient la génération F_2 et ainsi de suite. Pour un gène quelconque, les deux plantes de la génération parentale P_1 ont génotypes $(a_1\, a_2)$ et $(a'_1,\, a'_2)$. Ces allèles peuvent être tous différents ou égaux, dans notre notation nous distinguons les quatre allèles pour nous rendre compte de leur origine. Les descendants F_1 ont génotypes $(a_1\, a'_1)$, $(a_1\, a'_2)$, $(a_2\, a'_1)$ ou $(a_2\, a'_2)$ en fréquences 1/4 chacun. Dans la génération F_2, obtenu par croisement des individus F_1, les douze combinaison des allèles parentaux sont représentés dans les proportions de Hardy-Weinberg. Les fréquences des quatres allèles sont toutes égales à 1/4, les génotypes « homozygotes » sont représentés en proportion $1/16$, tandis que les génotypes mixtes ont fréquence $2/16$. En F_2 apparaissent donc des « homozygotes » (a_1, a_1), (a_2, a_2), etc. Il s'agit de plantes qui portent deux copies d'un seul allèle d'un ancêtre.*

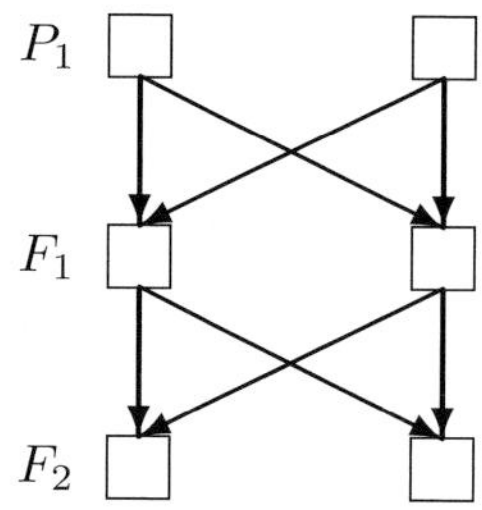

On peut se convaincre du résultat énoncé ci-dessus en réfléchissant de la manière suivante. Prenons pour exemple le génotype (a_1, a_1). *Pour qu'un descendant* F_2 *reçoive deux fois l'allèle* a_1, *il faut que ses parents soient porteurs de cet allèle. Cela se produit avec une probabilité de* $(1/2)^2$ *(voir dessin ci-contre). Ensuite, le descendant doit chaque fois obtenir le bon allèle* a_1 *de ses deux parents. La chance pour cela est à nouveau* $(1/2)^2$, *ce qui donne le résultat final de* $1/16$. *Les quatre allèles sont entrés dans cette expérience dans la génération parentale. Les individus homozygotes de la génération* F_2, $(a_1\, a_1)$, $(a_2\, a_2)$, $(a_1'\, a_1')$, *et* $(a_2'\, a_2')$ *ont deux copies du même allèle de l'un de leurs grands-parents. On dit que leurs allèles sont identiques par descendance (IBD, « identical by descent »). Ce phénomène est à la base de l'excès des génotypes homozygotes lorsqu'une population est stratifiée et les unions ne se font pas librement, mais à l'intérieur de strates. Nous allons voir plus tard que ce même effet se produit dans des populations finies.*

Pour quantifier le déséquilibre des génotypes dans une population stratifiée, il est utile d'introduire la notion du degré moyen de consanguinité F. C'est la probabilité qu'un individu tiré aléatoirement soit porteur de deux allèles IBD. Supposons qu'un gène possède deux allèles, A et a, et que F soit connu. Si, parmi les individus IBD, les génotypes AA et aa sont en proportion p_A/p_a et si, parmi les individus qui ne sont pas IBD, les formules de Hardy-Weinberg sont valables, il existe une liaison entre la fréquence P_{AA} du génotype homozygote AA et le couple formé de F et p_A :

$$\begin{aligned} P_{AA} &= P\{\text{un individu aléatoirement séléctionné et de génotype } AA\} \\ &\quad = P\{\text{l'individu est IBD et de génotype } AA\} \\ &\quad +P\{\text{l'individu n'est pas IBD et de génotype } AA\} \\ &= F\, p_A + (1-F)\, p_A^2 \,. \end{aligned}$$

Cette formule exprime le fait que le génotype AA peut résulter de deux façons. Avec la probabilité $1 - F$, les deux allèles ont été tirés aléatoirement et l'allèle A est sorti deux fois. Avec la probabilité F, les deux allèles sont deux copies du même allèle d'un ancêtre et la chance qu'il s'agisse de l'allèle A est p_A. Si $F = 0$, la population est en équilibre. Si $F = 1$, les seules possibilités sont $P_{AA} = p_A = 1$ ou 0.

Inversement, on peut calculer F en connaissant P_{AA} et p_A :

$$F = \frac{P_{AA} - p_A^2}{p_A - p_A^2} = \frac{P_{AA} - p_A^2}{p_A p_a}.$$

Le numérateur est égal à l'écart de l'équilibre du génotype AA. Parce que $P_{AA} + \frac{1}{2} P_{Aa} = p_A$, on a également :

$$F = \frac{p_A - P_{Aa}/2 - p_A^2}{p_A p_a} = \frac{2p_A p_a - P_{Aa}}{2p_A p_a},$$

ce qui est l'expression la plus intuitive. Ici, F exprime l'écart à l'équilibre du génotype hétérozygote, relatif à la valeur espérée sous l'équilibre.

Définition 3.2 *Si les unions dans une population ne se font pas aléatoirement, l'équilibre de Hardy-Weinberg est rompu dans le sens que* $P_{Aa} = (1-F)2p_A\,p_a < 2p_A\,pa$. *La quantité* F *est dite le degré moyen de consanguinité.*

Si l'on connaît les relations exactes entre individus – qui est parent de qui – on peut généraliser la notion du taux statistique de consanguinité qui s'applique à une population, à celle d'un taux individuel.

Définition 3.3 *Le degré de consanguinité* F *d'un individu est défini comme la probabilité que les deux allèles dont l'individu est porteur soient tous deux copies du même allèle d'un ancêtre.*

Exemple 3.13 *Pour le calcul du taux* F *d'un individu, son historique généalogique doit être connu.*

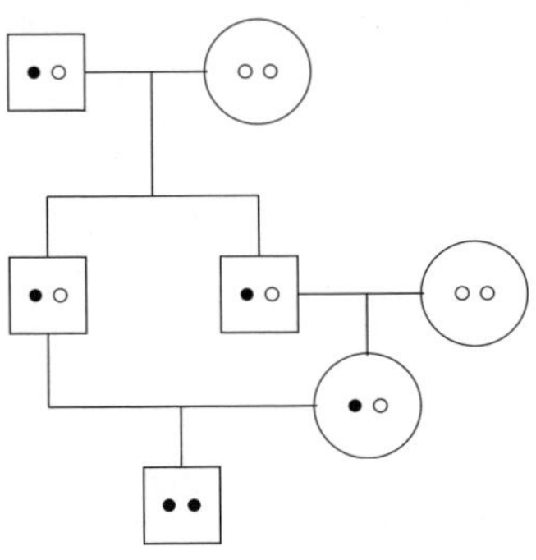

Les carrés représentent des hommes, les cercles des femmes. Un trait lie deux individus qui se reproduisent et leurs descendants. Les symboles (petit cercle rempli et petit cercle ouvert) représentent un allèle particulier et un allèle quelconque. L'arbre dans cet exemple montre un homme issu d'un mariage entre une nièce et son oncle. L'individu en question est IBD et est porteur de deux copies d'un allèle de son grand-père.

3.3.1 Calcul de F

On peut découvrir la formule pour F en analysant soigneusement l'exemple précédent.

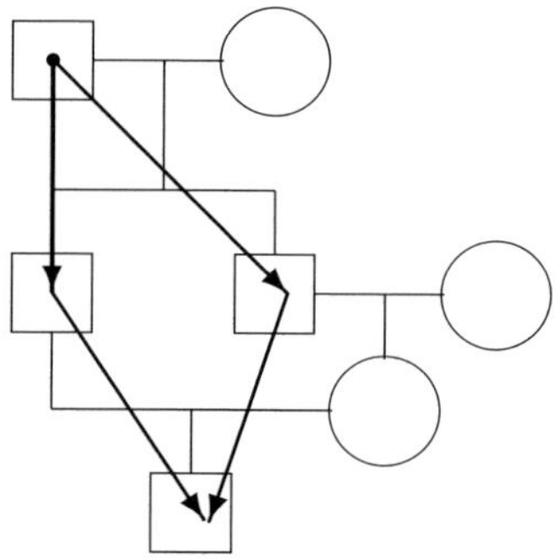

Évidemment, l'individu en question ne peut être IBD que s'il existe un chemin qui le relie à un même ancêtre du côté parternel et maternel. Dans notre exemple, de tels chemins existent aussi bien pour le grand-père que pour la grand-mère. Tous deux sont des ancêtres communs des deux parents. La figure ci-contre montre un exemple.

Parce que l'allèle en question est transmis chaque fois avec une probabilité $1/2$, la chance que l'individu soit IBD par le grand-père vaut $2(1/2)^5 = (1/2)^4$, où le facteur de 2 provient du fait que le grand-père possède deux allèles. Dans cette formule, nous avons supposé que le grand-père n'est pas IBD. S'il l'est, ses deux allèles sont identiques et il en donnera une copie à tous ses descendants. La chance que ces deux copies arrivent à leur but est donc $2(1/2)^5/(2(1/2)^2) = (1/2)^3$. En mettant ensemble ces deux cas, la probabilité que l'individu soit IBD par le grand-père vaut :

$$\begin{aligned} F_{\text{descendant}} &= (1/2)^4 (1 - F_{\text{ancêtre}}) + (1/2)^3 F_{\text{ancêtre}} \\ &= (1/2)^4 (1 + F_{\text{ancêtre}}) \\ &= (1/2)^{\text{nombre d'ancêtres dans le chemin}} (1 + F_{\text{ancêtre}}), \end{aligned}$$

où le chemin en question relie l'enfant par les lignes paternelles et maternelles au grand-père.

Pour calculer la probabilité $F_{\text{descendant}}$, il faut considérer tous les ancêtres les plus proches qui pourront transmettre deux copies du même allèle. Dans notre exemple, il faut donc également prendre en compte la grand-mère. En revanche, il n'est pas nécessaire de considérer les arrière-grands-parents, car dans leurs cas la transmission doit forcément passer par les grands-parents. L'expression générale du taux de consanguinité est donc :

$$F_{\text{descendant}} = \sum_{A \in \mathcal{A}} (1/2)^{\#A} (1 + F_A)$$

où $\mathcal{A}$ est l'ensemble des ancêtres proches dont le descendant pourrait potentiellement hériter deux fois du même allèle et $\#A$ est le nombre d'ancêtres de l'individu dans le chemin qui le relie à l'ancêtre commun A de ses parents.

3.4 Liaison entre gènes et méiose

Si l'on s'intéresse à deux gènes ayant chacun deux allèles A, a et B, b, il y a neuf génotypes possibles, dont $AABB$, $AaBB$, $aaBB$ et $AABb$, etc. En dehors du nombre plus grande de génotypes, il y a encore une différence plus importante entre la situation avec deux gènes et le cas d'un seul gène. Lorsque les deux gènes se trouvent sur le même chromosome et que le génotype est doublement hétérozygote (AaBb), on aimerait également connaître la combinaison exacte des deux allèles sur chaque chromosome. Ces combinaisons pourraient être soit (AB/ab), soit (Ab/aB). L'association des allèles sur une copie (maternelle ou paternelle) du chromosome est l'***haplotype*** du chromosome par rapport aux deux gènes. Le génotype tout seul ne suffit pas pour déterminer les deux haplotypes.

Dans le modèle de Wright-Fisher, les haplotypes d'une génération sont tirés parmi les gamètes de la génération précédente. Notons H_{AB}, H_{Ab}, H_{aB}, H_{ab} les fréquences des haplotypes. Clairement, ces fréquences contiennent plus d'information que les fréquences des génotypes. En effet, on peut les calculer par les formules $P_{AABB} = H_{AB}^2$, $P_{AaBB} = 2H_{AB}\,H_{aB}$, etc. On peut arranger les probabilités des haplotypes sous forme de tableau de fréquences :

H_{AB}	H_{Ab}	$H_{AB} + H_{Ab} = p_A$
H_{aB}	H_{ab}	$H_{aB} + H_{ab} = p_a$
$H_{AB} + H_{aB} = p_B$	$H_{Ab} + H_{ab} = p_b$	

On constate que les quatre probabilités ne sont pas libres et qu'on ne peut pas choisir n'importe quelles valeurs, car les sommes dans les lignes et dans les colonnes sont fixées. Le vecteur $(H_{AB}, H_{Ab}, H_{aB}, H_{ab})$ à quatre dimensions se trouve dans un ensemble unidimensionnel. Un tableau de ce type est toujours de la forme :

$$\begin{bmatrix} H_{AB} = p_A p_B + D & H_{Ab} = p_A p_b - D \\ H_{aB} = p_a p_B - D & H_{ab} = p_a p_b + D \end{bmatrix},$$

où D peut être positif ou négatif, mais doit être tel que les entrées du tableau soient positives. À l'aide d'un tableau donné, on peut récuperer la valeur de D en calculant le déterminant :

$$\begin{aligned} H_{AB}\,H_{ab} - H_{aB}\,H_{Ab} &= (p_A\,p_B + D)\,(p_a\,p_b + D) - (p_a\,p_B - D)\,(p_A\,p_b - D) \\ &= p_A\,p_B\,p_a\,p_b + D(p_A\,p_B + p_a\,p_b) + D^2 - p_A\,p_a\,p_B\,p_b \\ &\quad + D(p_A\,p_b + p_a\,p_B) - D^2 \\ &= D(p_A(p_B + p_b) + p_a(p_b + p_B)) \\ &= D. \end{aligned}$$

Définition 3.4 *Les deux gènes sont dits en* ***équilibre de liaison****, si :*

$$H_{AB} = p_A p_B,\ H_{aB} = p_a p_B, \ldots .$$

L'équilibre de la liaision est analogue à l'équilibre de Hardy-Weinberg. Si les allèles étaient tirés de manière complètement aléatoire, cet équilibre serait vérifié. La valeur de D est une mesure directe de l'écart d'une matrice de fréquences à l'équilibre.

Si deux gènes se trouvent sur le même chromosome, on ne s'attend pas à l'indépendance. Si un individu avec un génotype doublement héterozygote $AaBb$ possède les haplotypes AB et ab, on pourrait penser que ses gamètes sont soit AB, soit ab, mais jamais Ab ou aB. Par un tel processus, les combinaisons d'allèles des parent sont préservées dans les descendants, ce qui se manifestera dans le tableau des fréquences des haplotypes par un fort déséquilibre. Cela est correct si les deux gènes sont localisé très près sur le chromosome. Par contre, si la distance entre les gènes augmente, de nouveaux haplotypes peuvent se manifester dans les gamètes. Cette possibilité est très importante en vue du maintien de la diversité génétique.

3.4.1 Méiose

La division cellulaire ordinaire qui crée deux cellules à partir d'une cellule s'appelle *mitose*. Lors de ce processus, les chromosomes sont copiés et se partagent en deux groupes. Chacune des cellules est *diploïde* et contient donc la totalité du matériel génétique paternel et maternel. Les gamètes, par contre, sont des cellules *haploïdes* qui contiennent une seule copie de chaque chromosomes. Que le processus de création de telles cellules diffère de la mitose semble assez naturel. Et que, lors de ce processus, le matériel génétique paternel est mélangé avec le matériel maternel l'est aussi. Les gamètes sont les résultats d'un processus appelé *méiose*. Superficiellement, la méiose ressemble à la mitose. D'abord, chaque chromosome est copié (replication) et une division cellulaire crée deux cellules diploïdes. Une seconde division cellulaire nous amène à quatre gamètes haploïdes qui disposent d'une seule copie de chaque chromosome.

Supposons qu'un individu soit doublement hétérozygote $AaBb$. Si les deux gènes se trouvent sur différents chromosomes, le processus de méiose copie chaque chromosome et crée ainsi un ensemble de 2×4 chromosomes porteurs de $\{A, A, a, a, B, B, b, b, \}$. Après une double division, des gamètes haploïdes avec une seule copie de chaque chromosome sont créés et les possibilités sont $\{A, B\}$, $\{A, b\}$, $\{a, B\}$ et $\{a, b\}$. Par symétrie, chaque combinaison a une chance de $\frac{1}{4}$. Si, en revanche, les deux gènes se trouvent sur un seul chromosome, les choses se passent différemment.

Supposons que l'individu soit porteur des haplotypes AB et ab sur ses deux chromosomes. En cas de replication simple, 2×2 chromosomes sont créés, dont deux avec AB et deux avec ab, et les gamètes contiennent donc soit AB, soit ab avec une chance $1/2$ pour chacun ; sauf que, lors de la replication des

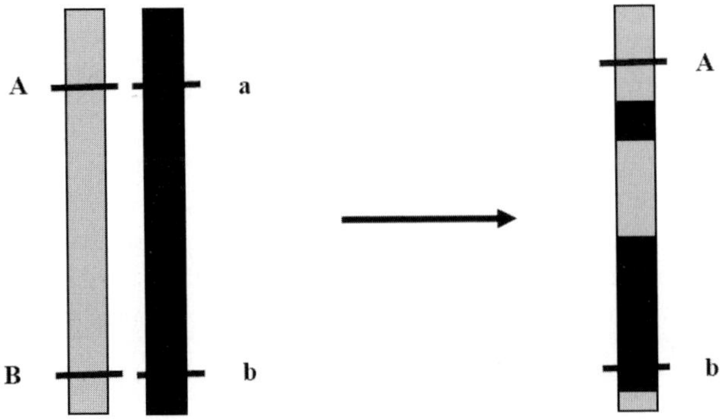

Figure 3.2 – Processus de crossing-over avec deux chromosomes homologues et deux gènes. Dans ce schéma, quatre crossings se sont produits dans le bout du chromosome montré. Du bas vers le haut, on commence à lire sur le chromosome gris, on « cross-over » vers le noir, on revient brièvement sur le gris, et après un passage sur le noir, on revient finalement sur le gris. Le nouveau chromosome du gamète associe les allèles A et b, ce qui constitute un haplotype nouveau.

chromosomes, il y a également une phase de *recombinaison génétique* entre chromosomes homologues. Le processus physique qui se cache derrière est dit « crossing-over » dont un schéma simpliste est fourni à la figure 3.2. Lors d'un « crossing-over », les deux chromosomes homologues se cassent et se relient à l'autre bout du chromosome partenaire. D'autres processus d'échanges chromosomiques existent également. Le crossing-over peut avoir lieu lors de la mitose et, dans ce cas, peut engendrer des dégâts, par exemple la perte de l'hétérozygosité dans une des cellules descendantes. En méiose, la recombinaison génétique assure que, même si un individu ne porte que les haplotypes AB et ab, les quatre haplotypes AB, ab et Ab, aB sont possibles dans les gamètes qui transmettent le génome aux descendants.

3.4.2 Fraction de recombinaison

Les gamètes d'un individu doublement hétérozygote Aa et Bb ayant les haplotypes AB sur une copie du chromosome et ab sur l'autre sont :

gamète	AB	ab	Ab	aB
probabilité	$\frac{1-r}{2}$	$\frac{1-r}{2}$	$\frac{r}{2}$	$\frac{r}{2}$

où r est la probabilité d'une recombinaison. Ce paramètre est dit la *fraction de recombinaisons*. Si les deux gènes se trouvent sur différents chromosomes, ces formules restent valables avec $r = 1/2$ ce qui implique que les fréquences des quatres haplotypes AB, Ab, aB et ab sont équiprobables. Ces proportions caractérisent la ségrégation mendelienne, c'est-à-dire les proportions théoriques que Mendel a pu confirmer dans son expérience. Lorsque deux loci se trouvent sur le même chromosome, la ségrégation des allèles selon les proportions 1/4, 1/4, 1/4, 1/4 est l'exception plutôt que la règle. Dans son choix de phénotypes, Mendel a donc eu de la chance. Les gènes correspondant aux phénotypes qu'il avait choisis s'héritent de manière indépendante et ne sont pas liés.

Il est assez évident que r, un concept purement génétique, est corrélé avec la distance physique qui sépare deux gènes sur le chromosome. Il est rare qu'un événement de recombinaision se produise entre deux gènes voisins ou proches l'un de l'autre. Si, en revanche, ils sont séparés d'une longue suite d'ADN, il est probable qu'un ou plusieurs « crossing-over » se produisent. Dans ce cas, r tend vers 1/2. Si, pour deux gènes, $r = 1$ %, on dit qu'ils sont séparés d'un *centi-Morgan*. La fraction de recombinaison r est une quantité que l'on peut parfois estimer dans des expériences de croisement semblables aux expériences de Mendel. Un centiMorgan correspond à une distance physique d'environ 10^6 paires de bases ADN. Pourtant, la relation exacte entre distance génétique et distance physique dépend du chromosome et varie même à l'intérieur du chromosome. La figure 3.3 montre de manière schématique la relation entre distances génétiques et physiques.

3.4.3 Déséquilibre de la liaison

Le tableau 3.6 indique les fréquences des différentes combinaisons de deux gènes à deux allèles se trouvant dans les gamètes d'un individus, à condition de connaître les haplotypes de l'individu ainsi que la fraction de recombinaison entre les gènes.

Table 3.6 – En connaissant la fraction de recombinaison et les haplotypes d'un individu, on peut calculer la répartition des allèles dans une gamète.

individu	gamètes et leurs probabilités			
haplotypes	AB	Ab	aB	ab
AB/AB	1	0	0	0
AB/Ab	1/2	1/2	0	0
AB/aB	1/2	0	1/2	0
AB/ab	$(1-r)/2$	$r/2$	$r/2$	$(1-r)/2$
Ab/Ab	0	1	0	0
Ab/aB	$r/2$	$(1-r)/2$	$(1-r)/2$	$r/2$
Ab/ab	0	1/2	1/2	0
aB/aB	0	0	1	0
aB/ab	0	0	1/2	1/2
ab/ab	0	0	0	1

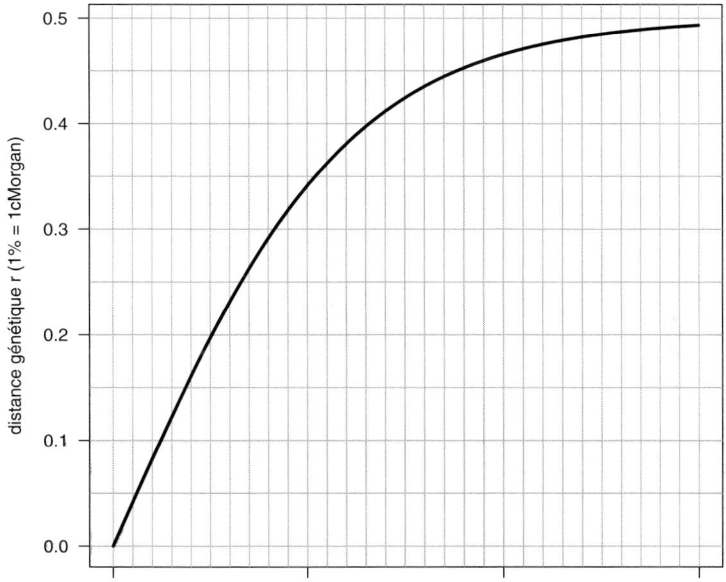

Figure 3.3 – La courbe montre de manière schématique la relation entre la fraction de recombinaison r (distance génétique) et la séparation en paires de bases ADN (distance physique) de deux gènes sur le même chromosome.

Soit H'_{AB}, H'_{ab}, etc. les probabilités des haplotypes dans la génération des descendants et H_{ab}, etc. celles dans la génération des parents. À partir du tableau 3.6, on trouve :

$$\begin{aligned} H'_{AB} &= H_{AB}^2 + \frac{1}{2}\,2H_{AB}\,H_{Ab} + \frac{1}{2}\,2H_{AB}\,H_{aB} + \frac{1-r}{2}\,2H_{AB}\,H_{ab} + \frac{r}{2} \\ & \quad 2H_{Ab}\,H_{aB} \\ &= H_{AB}\,(H_{AB} + H_{Ab} + H_{aB} + H_{ab}) - rH_{AB}\,H_{ab} \\ & \quad +rH_{Ab}\,H_{aB} \\ &= H_{AB} + r\,(H_{Ab}\,H_{aB} - H_{AB}\,H_{ab}) \\ &= H_{AB} - rD. \end{aligned}$$

De la même façon : $H'_{ab} = H_{ab} - rD$, $H'_{Ab} = H_{Ab} + rD$, $H_{aB} = H_{aB} + rD$.

Définition 3.5 *La quantité* $D = H_{AB}\,H_{ab} - H_{Ab}\,H_{aB}$ *est dite le déséquilibre* *de la liaison. Si $D = 0$, les deux gènes sont en équilibre et $H'_{xy} = H_{xy}$ pour tout choix de x et y.*

En observant une population dont les unions sont aléatoires et les générations non chevauchantes, on notera que le déséquilibre D converge vers zéro. Dans le passage d'une génération à la prochaine, le déséquilibre devient :

$$D' = H'_{AB}\,H'_{ab} - H'_{Ab}\,H'_{aB} = (H_{AB} - rD)\,(H_{ab} - rD) \\ - (H_{Ab} + rD)\,(H_{aB} + rD) = D(1-r).$$

Après k générations, la valeur de D diminue ainsi à $D(1-r)^k$ et converge vers 0 lorsque $k \to \infty$. Pourtant, cette convergence peut être très lente, lorsque deux gènes sont des proches voisins sur le même chromosome et r est petit.

Une population en équilibre est telle que la matrice

$$\begin{pmatrix} H_{AB} & H_{Ab} \\ H_{aB} & H_{ab} \end{pmatrix}$$

est singulière car son déterminant D est égal à 0. Lorsque D est zéro, la matrice est de rang 1, c'est-à-dire

$$\begin{pmatrix} H_{AB} & H_{Ab} \\ H_{aB} & H_{ab} \end{pmatrix} = \begin{pmatrix} p_A p_B & p_A p_b \\ p_a p_B & p_a p_b \end{pmatrix}.$$

À l'équilibre, les haplotypes sont donc constitués par tirage aléatoire et indépendant des allèles.

3.4.4 LOD score

L'étude de la liaison entre gènes est un outil fondamental de la génétique expérimentale. Une nouvelle mutation se manifeste toujours dans un individu avec un certain haplotype auquel s'ajoute la mutation. Les descendants qui sont porteurs de la mutation sont en grande mesure également porteurs de l'haplotype, qui devient ainsi un indicateur de la mutation. On peut donc utiliser la liaison entre marqueurs génétiques pour :

- déterminer l'âge d'une mutation dans une population dans laquelle la mutation en question a été introduite par un fondateur ;
- déduire l'arrangement des gènes d'un chromosome et ainsi en déduire une carte génique.

  Le principe consiste à déterminer $r(i, j)$, la fraction de recombinaisons entre deux loci i et j. Ensuite, on arrange les loci linéairement. Dans l'exemple suivant, le tableau donne les fractions de recombinaisons entre 1 et 2, entre 1 et 3, et entre 2 et 3. L'arrangement des loci est $1-3-2$:

j | i	1	2	3
1	−−	0,4	0,1
2	0,4	−−	0,2
3	0,1	0,2	−−

- corréler des marqueurs génétiques avec des maladies (phénotypes) pour rechercher les causes génétiques de maladies ;
- corréler les marqueurs génétiques avec des caractères souhaitables dans des plantes ou des animaux, les dénommés caractères quantitatifs.

Sur la base des génotypes de triples formés d'un descendant et de ses parents, on peut parfois déterminer le nombre de recombinaisons entre deux gènes. Prenons comme exemple un couple avec génotypes $AABB$ et $AaBb$. Parmi huit descendants, deux ont génotype $AABB$, trois ont le génotype $AaBb$, deux sont $AABb$ et un est $AaBB$. Que peut-on dire sur la liaison entre ces deux gènes ? Si les arrangements des allèles du parent doublement hétérozygote sont AB et ab, il s'ensuit que les trois descendants avec génotypes $AABb$ et $AaBB$ sont des recombinants. La probabilité d'une recombinaison est donc estimée comme étant 3/8=0,375. Pour tester la signification de ce chiffre, on peut calculer le score LOD (« *log odds ratio* »). Soit r la probabilité d'une recombinaison et $L(r)$ la probabilité conjointe des huit génotypes, c'est-à-dire la fonction de vraisemblance ; un calcul élémentaire donne

$$L(r) = ([1-r]/2)^5 \, (r/2)^3 \,,$$

car le parent avec $AABB$ transmet AB à tous les descendants, tandis que l'autre transmet AB ou ab avec la chance $(1-r)/2$ et Ab ou aB avec la chance $r/2$. Si aucune liaison entre les deux gènes n'existait, alors la probabilité d'une recombinaison serait $r = 0,5$. La probabilité des génotypes des huit descendants se calcule dans ce cas comme $L(0,5) = 0,25^8$. L'estimateur de r qui maximise la vraisemblance $L(r)$ vaut $\hat{r} = 3/8$.

Définition 3.6 *Le score LOD basé sur n triplets de parents et de descendants avec un nombre de m recombinants vaut :*

$$LOD = \log_{10}\left(\frac{\max_{0\le r\le 0,5} \; L(r)}{L(0,5)}\right) = \log_{10}\left(\frac{([n-m]/[2n])^{n-m}\,(m/[2n])^m}{(1/4)^n}\right).$$

Traditionnellement, le score LOD doit dépasser 3 pour pouvoir rejeter l'hypothèse de gènes non liés.

Dans notre exemple, $L(\hat{r}) = 0,00001965$, $L(0,5) = 0,0000153$, $L(\hat{r})/L(0,5) = 1,29$ et le logarithme à base 10 de ce rapport vaut $\log_{10}(1,29) = 0,11$ et ne donne en rien une indication d'une liaison. Si nous avions observé trois recombinaisons en vingt-trois essais, le score LOD aurait grimpé au-delà de la borne 3.

La théorie statistique montre que sous l'hypothèse $H_0 : r = 0,5$, le LOD suit une loi khi-deux. On pourrait donc formaliser davantage le test LOD. La statistique du test du rapport de la vraisemblance est

$$2\,\ln(L(\hat{r})/L(0,5)) = 2\ln(10)\,\log_{10}(L(\hat{r})/L(0,5)) = 4,605\,\mathrm{LOD}\,.$$

Un score LOD de 3 est égal au quantile (100 % − 0,02 %) de la loi χ^2_1.

3.5 Exercices

1. Lors d'une étude médicale, on a déterminé le génotype de 1 000 personnes. Les nombres observés étant

AA	Aa	aa
652	310	38

On désire savoir si la population est en équilibre de Hardy-Weinberg. Effectuez le test du khi-deux (test de Pearson) et interprétez le résultat.

2. Par rapport à un gène à deux allèles, on compte 6 % d'hétérozygotes dans une population. Quelle est le pourcentage d'homozygotes ?

3. Si une personne sur 1 600 souffre d'une maladie génétique causée par un allèle récessif, quelle proportion de la population est porteuse de cet allèle ?

4. Considérez une population avec un nombre égal de femmes et d'hommes formant des couples aléatoires. Soit un gène situé sur le chromosome X avec deux allèles (X^A, X^a). Le génotype d'une femme qui a l'allèle a sur le premier X et A sur le deuxième sera notée X^aX^A et un homme avec un a sur le X sera noté X^aY. On considére que la fréquence p de l'allèle X^A dans la population est la même pour les femmes et les hommes.

   (a) Donnez séparément, pour les hommes et pour les femmes, la liste des gamètes possibles et leurs fréquences pour la génération F_0.

   (b) Calculez les fréquences des génotypes que l'on observera dans la génération F_1. Comparez-les avec les fréquences des génotypes F_0. Calculez la répartition conditionnelle des génotypes pour hommes et femmes.

   (c) Si X^a est un facteur récessif causant une condition (comme par exemple l'hémophilie) et si $p = 0.9$, donnez la part de la population qui aura la maladie en sachant leur sexe.

5. Considérez une population avec un nombre égal de femmes et d'hommes formant des couples aléatoires. Supposons que, dans la population, la fréquence de l'allèle A parmi les femmes (f_A^0) ne soit pas la même que celle des hommes (m_A^0). Soient f_A^1 et m_A^1 les fréquences de l'allèle A parmi les femmes et les hommes de la première génération, et f_A^2 et m_A^2 celles de la génération suivante.

   (a) Calculez les fréquences et génotypes des descendants masculins et féminins.

(b) Calculez f_A^1 et m_A^1 en fonction de f_A^0 et m_A^0.

(c) Exprimez f_A^2 et m_A^2 en fonction de f_A^1 et m_A^1. En itérant, faites le calcul pour f_A^n et m_A^n ou n signifie la génération n. Qu'est-ce qui se passe lorsque $n \to \infty$?

6. Considérez un gène avec deux allèles A, a. On dénote par (P_{AA}, P_{Aa}, P_{aa}) les fréquences des individus avec génotypes AA, Aa, aa et par p_A la fréquence de l'allèle A. Supposons que, pour le gène considéré, les accouplements ne sont pas aléatoires et que, pour un certain coefficient d, ils ont la forme suivante.

$$\begin{cases} P_{AA} = p_A^2 + d\,, \\ P_{Aa} = 2p_A p_a - 2d\,, \\ P_{aa} = p_a^2 + d\,. \end{cases}$$

   (a) Donnez les conditions de bord nécessaires pour d afin que le système ci-dessus ait un sens.
   (b) Soient n_{AA}, n_{Aa} et n_{aa} les nombres des génotypes AA, Aa et aa dans un échantillon de taille $n = n_{AA} + n_{Aa} + n_{aa}$. On modélise ces fréquences par une loi multinomiale de paramètres $(n; P_{AA}, P_{Aa}, P_{aa})$. Déterminez l'estimateur du maximum de vraisemblance (MV) des paramètres p_A et d en utilisant l'estimateur MV de P_{AA}, P_{Aa} et P_{aa}.

7. Soit un générateur de nombres aléatoires qui fonctionne de la manière suivante : le générateur choisit au hasard une densité f_i de la liste prédéfinie $f_1, \ldots, f_g$ et simule ensuite une valeur selon cette loi. On dénote par π_i la probabilité que la densité choisie est f_i. Ainsi, on aura le vecteur

$$\Psi = (\pi_1, \ldots, \pi_{g-1})$$

comme paramètre inconnu et $\pi_g = 1 - \sum_{i=1}^{g-1} \pi_i$.

   (a) Déterminez la densité d'une v.a. X donnée par le générateur cidessus.
   (b) Si $x_1, \ldots, x_n$ est un échantillon qui a été créé avec le générateur, donnez la log-vraisemblance $l(\Psi; x_1, \ldots, x_n)$ et déterminez le système d'équation qui serait à résoudre dans l'approche du maximum de vraisemblance.
   (c) Pour pouvoir appliquer l'algorithme EM, on considère les données augmentées (x_j, z_j), où le vecteur $z_j = (z_{j1}, \ldots, z_{jg})$ est t.q. $z_{ji} = 1$ si x_j a été simulé avec f_i et $z_{ji} = 0$ sinon, $i = 1, \ldots, g$ et $j = 1, \ldots, n$. Déterminez la vraisemblance des données augmentées et spécifiez les étapes de l'algorithme EM pour estimer Ψ.

(d) Comment faut-il modifier l'algorithme ci-dessus si f_i est la densité d'une loi normale $\mathcal{N}(\mu_i, \sigma^2)$ et si le paramètre à estimer est $\Psi = (\pi_1, \ldots, \pi_{g-1}, \mu_1, \ldots, \mu_g, \sigma^2)$?

8. On considère deux gènes (situés sur le même chromosome) à deux allèles chacun, A, a, B et b. Soient H^n_{AB}, H^n_{Ab}, H^n_{aB}, H^n_{ab} les probabilités des haplotypes dans la génération n. On aura donc

$$H^n_{AB} + H^n_{Ab} + H^n_{aB} + H^n_{ab} = 1\,.$$

Soient p_A, p_a, p_B et p_b les fréquences des allèles A, a, B et b et soit r la fraction de recombinaison.

(a) Donnez la liste de toutes les combinaisons possibles des haplotypes d'un parent, et pour chaque haplotype, calculez les gamètes qu'il peut générer avec leurs probabilités.

(b) Déduisez de **a)** que

$$H^n_{ab} = H^{n-1}_{ab} - rD_{n-1}\,,$$

où $D_n = H^n_{AB}H^n_{ab} - H^n_{Ab}H^n_{aB}$. On appelle D_n le déséquilibre de liaison et on dit que la population est en équilibre de liaison pour la génération n si $D_n = 0$.

(c) Le déséquilibre de liaison satisfait l'équation

$$H^n_{ab} = p_a p_b + D_n\,.$$

Utilisez cette information pour déterminer D_n en fonction de D_0 et r.

(d) Esquissez le graphe de D_n pour différentes valeurs de r en supposant $D_0 > 0$.

9. Soit F le taux de cosanguinité. On dénote par (P_{AA}, P_{Aa}, P_{aa}) les fréquences des individus avec génotypes AA, Aa, aa et par (p_A) la fréquence de l'allèle A. La population se propage uniquement par autofécondation.

(a) Démontrez que la proportion P_{AA} des homozygotes vaut

$$P_{AA} = p_A - p_A(1 - p_A)(1 - F).$$

Démontrez que P_{AA} peut aussi écrire par

i. $P_{AA} = p_A^2 + p_A(1 - p_A)F$,

ii. $P_{AA} = Fp_A + p_A^2(1 - F)$.

(b) Dessinez l'arbre généalogique de l'autofécondation et calculez F_t en fonction de F_{t-1}, où l'indice t compte la génération.

(c) Déduisez une récursion pour $1 - F_t$.

(d) Qu'en concluez-vous si $F_0 = 0$?

10. Considérez les deux arbres généalogiques suivants,

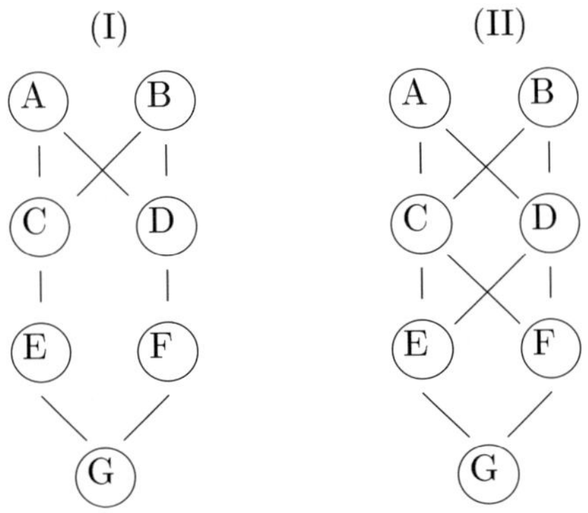

où un trait reliant deux individus signifie que l'individu en haut donne un gamète à l'individu en bas. On dénote par F_A la probabilité d'autozygocité (que la personne soit IBD) pour A, par F_B celle pour B etc.

(a) Calculez la probabilité d'autozygocité F_G , pour l'arbre généalogique (I) .

(b) Calculez la probabilité d'autozygocité F_G , pour l'arbre généalogique (II) .

(c) L'arbre (I) correspond à un accouplement entre cousins. Supposons que $F_A = F_B = 0$. Soit $q = 0,01$ la fréquence d'un allèle récessif a qui est responsable pour une certaine maladie rare. Comparez le risque d'être atteint de la maladie pour G avec celui pour un individu issu d'un accouplement sans ancêtres communs.

Chapitre 4

Création et destruction de la diversité génétique dans une population

L'évolution des espèces se base, selon la théorie de Ch. Darwin, sur un équilibre entre un processus qui modifie le génome et crée une diversité génétique, et un processus de sélection qui favorise la procréation et la survie des espèces bien adaptées à leur environnement naturel. Dans ce chapitre, nous présenterons quelques modèles mathématiques utiles pour analyser la création de la diversité génétique.

4.1 Mutations

Les changements dans le génome sont appelés *mutations*. Les mutations se produisent régulièrement et sont dues à divers effets, tels que :

- des fautes introduites lors de la replication des chromosomes ;
- les conséquences d'une infection virale ;
- les influences physiques environnementales telles que la radiation UV ou gamma ;
- des réactions chimiques entre des molécules génomiques et d'autres molécules ; etc.

Les mutations peuvent avoir des causes et des formes multiples. Le génome de l'homme est constitué d'environ $3,2 \times 10^9$ bases A, T, C ou G (voir section 6.1). Toute base peut être modifiée ou supprimée ce qui crée potentiellement quatre mutations différentes par base. Il y a donc environ

$$4^{3\times10^9} = 10^{0,6\times3\times10^9} = 10^{2,4\times10^9}$$

mutations différentes. À cela s'ajoutent encore d'autres possibilités. La conclusion de ce simple calcul est qu'il existe une quasi-infinité de mutations possibles.

Les modèles de carcinogenèse comptent sur des mutations dans des cellules souches des organes. Ce type de mutation est dit « somatique ». Si les gamètes sont touchés, c'est-à-dire si une mutation est transmise aux descendants, on parle de mutations germinales. Dans la suite du texte, c'est surtout ces mutations germinales qui nous intéressent.

Le *taux de mutation* d'un gène *par génération* est défini par la probabilité

$$\mu = P\{\text{un gamète porte un allèle nouveau, différent des deux allèles de l'individu}\}.$$

Dans une population de N individus, la proportion d'allèles nouveaux introduits dans une génération est une variable aléatoire dont l'espérance mathématique vaut μ. Parce que chaque individu est porteur de deux allèles, le taux de mutation par allèle est $\mu/2$. Dans nos calculs, nous allons souvent poser $\mu = 10^{-5}$, ce qui semble être un chiffre assez réaliste.

4.1.1 Mutation neutre (« *non-deleterious* »)

On peut classer les mutations selon leurs effets biologiques. Si l'allèle nouveau créé par la mutation n'a pas d'effet sur la santé et la fertilité du descendant, on parle d'une mutation neutre. Considérons un modèle très simple de deux allèles (+ et −). L'allèle + est l'allèle sauvage (« *wild-type* »), la forme la plus fréquente du gène. L'allèle − représente soit toutes les formes mutées de l'allèle, soit une mutation particulière qui se produit de manière répétée. Supposons que la mutation soit irréversible avec taux μ :

$$+ \xrightarrow{\mu} - .$$

Soit $p_+(t)$ l'espérance mathématique de la fréquence de l'allèle + en génération t. L'analyse de l'espérance est intéressante en particulier pour une population de grande taille, mais on ignore la variation due à l'échantillonnage. On trouve une formule très simple :

$$p_+(t+1) = (1-\mu)\,p_+(t).$$

Si l'on poursuit, on a

$$p_+(t+k) = p_+(t)(1-\mu)^k = p_+(t)\exp(k\ln(1-\mu)) \approx p_+(t)\exp(-k\mu).$$

Comme mentionné ci-dessus, ce modèle s'applique en particulier à des points chauds (« *hotspots* ») mutationnels où la même mutation se produit à nouveau et de manière répétée génération après génération. Étant donné le faible taux de mutation, on constate qu'il faut un nombre considérable de générations pour qu'un tel mécanisme montre des effets appréciables. Notons que les humains existent sur Terre depuis un nombre de générations de l'ordre de 10 000. La figure 4.1 illustre l'évolution de $p_+(t)$.

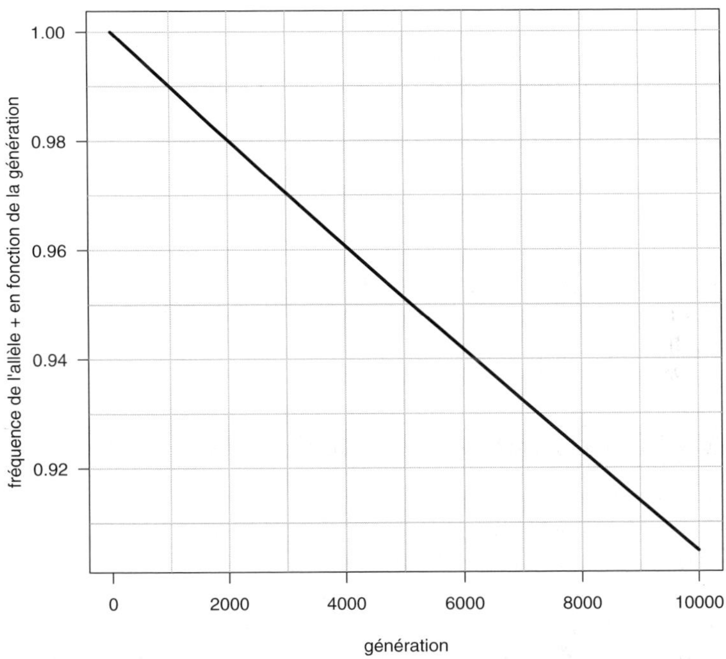

Figure 4.1 – La courbe montre la proportion de l'allèle p_+ en fonction du nombre de générations si $\mu = 10^{-5}$. Jusqu'à $t = 10\,000$ générations, l'approximation linéaire $p_+(t) = 1 - \mu\, t$ est très bonne. L'âge de l'homo sapiens est autour de 200 000 ans ou environ 10 000 générations.

Si l'on ajoute la réversibilité

$$+ \quad \underset{\nu}{\overset{\mu}{\rightleftarrows}} \quad -,$$

on trouve, pour une grande population

$$p_+(t+1) = (1-\mu)p_+(t) + (1 - p_+(t))\nu.$$

Lorsque $t \to \infty$, cette récursion converge vers le point fixe

$$p_+^\infty = (1-\mu)\, p_+^\infty + (1 - p_+^\infty)\nu$$

$$p_+^\infty(1 - 1 + \mu + \nu) = \nu$$

$$p_+^\infty = \frac{\nu}{\nu + \mu}\,.$$

À nouveau, la convergence est très lente car la récursion peut être réécrite comme

$$(p_+(t+1) - p_+^\infty) = (1-\mu-\nu)(p_+(t) - p_+^\infty)$$

et $(1-\mu-\nu)$ est très proche de 1.

4.1.2 Mutation dommageable et récessive (« *recessive deleterious* »)

Ici, l'allèle muté $-$ est dommageable dans le sens que les individus à génotype $--$ ne se reproduisent pas. Dans ce cas, un équilibre s'installe entre l'allèle sauvage $+$ et l'allèle dommageable $-$. Pour trouver l'équilibre, il faut passer par les génotypes, car la zygosité joue un rôle. Si, en génération t, la proportion de l'allèle $-$ vaut $p_-(t)$, les génotypes viables ont une proportion $P_{++}(t) = (1-p_-(t))^2$ et $P_{+-}(t) = 2p_-(t)\,(1-p_-(t))$. Les individus à génotype $--$ ont une proportion $P_{--}(t) = (p_-(t))^2$ et ne se reproduisent pas. Parmi les individus qui se reproduisent, la proportion des $++$ vaut donc

$$\frac{(1-p_-(t))^2}{(1-p_-(t))^2 + 2p_-(t)(1-p_-(t))} = \frac{1-p_-(t)}{1+p_-(t)}$$

tandis que celle des hétérozygotzes $+-$ vaut

$$\frac{2p_-(t)(1-p_-(t))}{(1-p_-(t))^2 + 2p_-(t)(1-p_-(t))} = \frac{2p_-(t)}{1+p_-(t)}\,.$$

Ainsi, dans la génération suivante :

$$p_-(t+1) = \mu \cdot \left(\frac{1-p_-(t)}{1+p_-(t)} + \frac{p_-(t)}{1+p_-(t)}\right) + \frac{p_-(t)}{1+p_-(t)} = \frac{\mu + p_-(t)}{1+p_-(t)}.$$

La valeur à l'équilibre p_-^∞ vérifie donc

$$p_-^\infty = \frac{\mu + p_-^\infty}{1+p_-^\infty} \iff p_-^\infty(1+p_-^\infty) = \mu + p_-^\infty \iff \left(p_-^\infty\right)^2 = \mu.$$

L'équilibre qui s'installe est tel que la proportion des individus qui ne se reproduisent pas et dont les allèles sont perdus $(p_-(t))^2$ est égale à μ, la proportion espérée des nouveaux allèles mutés qui sont créés dans chaque génération. Si $\mu = 10^{-5}$, on trouve donc :

$$p_-^\infty = 3 \times 10^{-3},$$

c'est-à-dire que la fraction des individus hétérozygotes portant l'allèle dommageable est environ

$$P_{+-} = 2 \times 3 \times 10^{-3} \approx 0,6\ \%\ \text{de la population.}$$

4.1.3 Mutation dommageable dominante (« *dominant deleterious* »)

Dans ce cas, aussi bien le génotype $--$ que $+-$ ne se reproduisent pas et la proportion $p_-(t)$ est égale à μ tandis que la proportion $P_{+-}(t)$ est à peu près 2μ, le double du taux de mutation.

4.2 Sélection

La sélection est un mécanisme qui fait prospérer certains génotypes plus que d'autres. Pour décrire mathématiquement la sélection, on associe à chaque génotype une fitness $w_{\text{génotype}}$ proportionnelle à sa chance de reproduction. Pour un gène à deux allèles, le passage d'une génération t à la prochaine $t+1$ est donc représenté par les formules suivantes :

$$\begin{array}{lcl} P_{AA}(t) = p_A^2(t) & & P_{AA}(t+1) = p_A^2(t)\, w_{AA}/\bar{w}(t) \\ P_{Aa}(t) = 2p_A(t)\, p_a(t) & \longrightarrow & P_{Aa}(t+1) = 2p_A(t)\, p_a(t)\, w_{Aa}/\bar{w}(t) \\ P_{aa}(t) = p_a^2(t) & & P_{aa}(t+1) = p_a^2(t)\, w_{aa}/\bar{w}(t) \\ & & \\ \text{génération } t & & \text{génération } t+1 \end{array}$$

Pour normaliser la répartition en génération $t+1$, on doit diviser par

$$\bar{w}(t) = p_A^2(t)\, w_{AA} + 2p_A(t)\, p_a(t)\, w_{Aa} + p_a^2(t)\, w_{aa}\,,$$

la *fitness moyenne* (en génération t).

La dynamique de ce modèle est la suivante :

$$p_A(t+1) = p_A^2(t)\, w_{AA}/\bar{w}(t) + p_A(t)\, p_a(t)\, w_{Aa}/\bar{w}(t)\,, \tag{4.1}$$

c'est-à-dire

$$\begin{aligned} \Delta p_A(t+1) &= p_A(t+1) - p_A(t) \\ &= \frac{p_A^2(t)\, w_{AA} - p_A(t)\, \bar{w}(t) + p_A(t)\, p_a(t)\, w_{Aa}}{\bar{w}(t)} \\ &= \frac{p_A^2(t) p_a(t)\, w_{AA} - 2p_A^2(t) p_a(t)\, w_{Aa} + p_A(t)\, p_a(t)\, w_{Aa} - p_A(t)\, p_a^2(t)\, w_{aa}}{\bar{w}(t)} \\ &= \frac{p_A(t)\, p_a(t)\, [p_A(t)(w_{AA} - w_{Aa}) + p_a(t)(w_{Aa} - w_{aa})]}{\bar{w}(t)}\,. \end{aligned} \tag{4.2}$$

Dans la dernière égalité, nous avons utilisé le fait que $p_A(t) = 1 - p_a(t)$.

La *fitness marginale* de l'allèle A, $\bar{w}_A(t)$, est égale à la valeur de la fitness que l'on peut attribuer à l'allèle A. Pour la calculer, on tire un des allèles A par hasard dans la population. Avec une probabilité proportionnelle à $p_A(t)^2$, l'allèle provient d'un individu avec génotype AA et, avec une chance proportionelle à $2p_A(t)p_a(t)/2$, il s'agit d'un individu avec génotype hétérozygote. La fitness marginale vaut donc :

$$\bar{w}_A(t) = \frac{p_A(t)^2 w_{AA} + p_A(t)\, p_a(t)\, w_{Aa}}{p_A(t)^2 + p_A(t)\, p_a(t)} = p_A(t)\, w_{AA} + p_a(t)\, w_{Aa}\,.$$

En faisant appel à cette notion, on peut récrire $\Delta p_A(t+1)$:

$$\Delta p_A(t+1) = \frac{p_A(t)\,(\bar{w}_A(t) - \bar{w}(t))}{\bar{w}(t)}\,.$$

Cette formule montre que la fréquence de l'allèle A augmente lorsque la fitness marginale est plus grande que la fitness moyenne et qu'elle diminue dans l'autre cas. La sélection tente ainsi d'augmenter la fitness de la population.

Dans des applications, on introduit souvent la paramétrisation suivante :

$$w_{AA} = 1; \quad w_{Aa} = 1 - hs \quad \text{et} \quad w_{aa} = 1 - s,$$

avec s le *coefficient de sélection* contre aa (si $s > 0$) et h le *degré de dominance* (si $h \geq 0$).

On peut distinguer les cas suivants, représentés sous forme graphique à la figure 4.2.

I : $h = 0$: $w_{AA} = 1,\ w_{Aa} = 1,\ w_{aa} = 1 - s$
l'allèle A est dominant et favorisé par la sélection
($s = 1$ correspond au cas dommageable et récessif).

II : $h = 1/2$: $w_{AA} = 1,\ w_{Aa} = 1 - s/2,\ w_{aa} = 1 - s$
l'effet des allèles sur la fitness de l'individu est additif.

III : $h = 1$: $w_{AA} = 1,\ w_{Aa} = 1 - s,\ ; w_{aa} = 1 - s$
l'allèle A est récessif, mais favorisé par la sélection
($s = 1$ correspond au cas dommageable et dominant).

Dans ces trois cas, la population tend vers $p_A^\infty = 1$; l'allèle A remplace complètement l'allèle a. Cela est une conséquence de $w_{AA} \geq w_{Aa} \geq w_{aa}$. Dans d'autres cas s'installe un équilibre caractérisé par l'équation

$$\Delta p_A(\infty) = 0.$$

4.2.1 Équilibres

Si le génotype *hétérozygote* est *supérieur* (« *overdominance* »), c'est-à-dire si $w_{Aa} > w_{AA}$ et $w_{Aa} > w_{aa}$ ($h < 0,\ s > 0$), l'équilibre est caractérisé par :

$$p_A(\infty)(w_{AA} - w_{Aa}) + (1 - p_A(\infty))\,(w_{Aa} - w_{aa}) = 0.$$

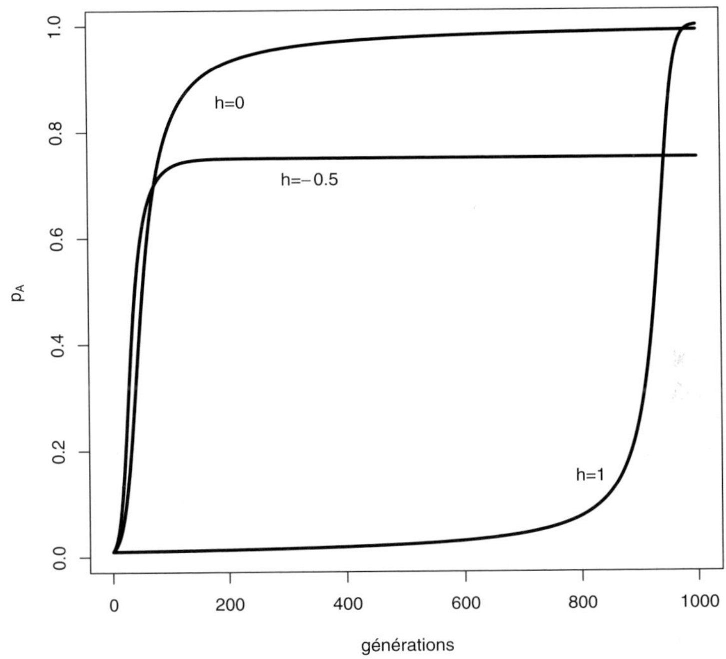

Figure 4.2 – La courbe $p_A(t)$ en utilisant différentes valeurs du paramètre h et pour $s < 0$. Au début, la proportion de l'allèle A est très faible, mais à la longue, c'est l'allèle a qui est éliminé de la population. Pour $h < 0$, les deux allèles trouvent un équilibre.

$$
\begin{aligned}
p_A(\infty) &= \frac{-w_{aa} + w_{Aa}}{-(w_{AA} + w_{aa}) + 2w_{Aa}} = \frac{1 - sh - 1 + s}{1 - sh - 1 + s + 1 - sh - 1} \\
&= \frac{1 - h}{1 - 2h} = \frac{1 + |h|}{1 + 2|h|}\,.
\end{aligned}
$$

L'élimination de l'allèle A ou de l'allèle a sont deux autres solutions de $\Delta\, p_A(\infty) = 0$, mais ces deux états ne sont pas stables. En les perturbant en posant $p_A(t) = \varepsilon$ ou $p_A(t) = 1 - \varepsilon$, la proportion $p_A(t)$ converge vers $p_A(\infty) = (1 - h)/(1 - 2h)$.

Un autre type d'équilibre s'installe si *l'hétérozygote* est *inférieur*, c'est-à-dire $w_{Aa} < w_{AA}$ et $w_{Aa} < w_{aa}$. On obtient la même valeur qu'avant pour $p_A(\infty)$ mais, cette fois, la situation $p_A(t) = p_a(\infty) \pm \varepsilon$ est instable et converge vers l'extinction de l'allèle A ou de l'allèle a. On peut distinguer les deux cas, en considérant la fitness moyenne d'une population en fonction de p_A. On a

$$
\bar{w}(p_A) = p_A^2 w_{AA} + 2p_A(1 - p_A)\, w_{Aa} + (1 - p_A)^2 w_{aa}\,,
$$

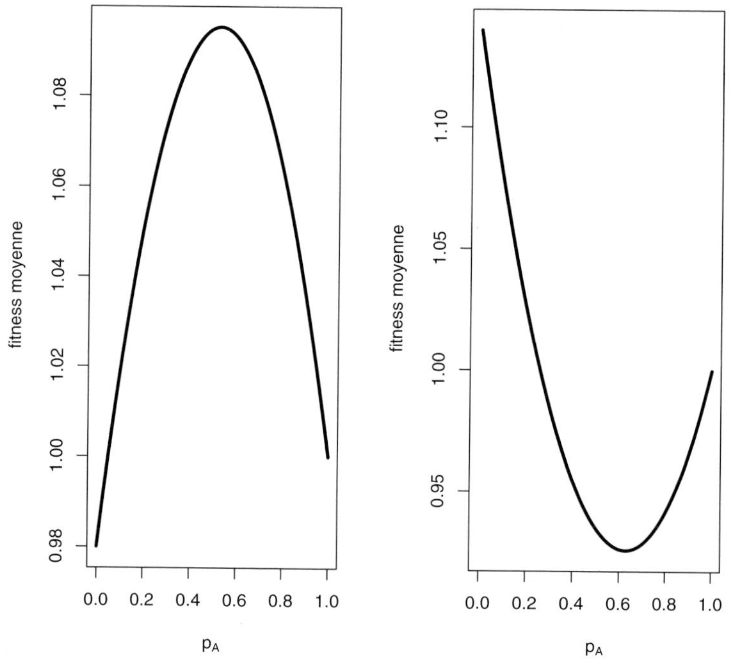

Figure 4.3 – À gauche, la solution intermédiaire est la bonne ; à droite, ce n'est pas le cas. Il est à noter qu'à droite une population pour laquelle $p_A \approx 1$ n'est pas optimale par rapport à sa fitness mais il s'agit quand même d'une situation stable. Si l'on a $p_A(t) = 1 - \varepsilon$, la population se rééquilibre vers $p_A(\infty) = 1$. Elle ne peut pas traverser le trou de fitness pour parvenir à la meilleure solution $p_A(\infty) = 0$. Cela est dû à notre hypothèse de taille de population infinie. Sinon, par des effets d'échantillonnage, ce passage vers $p_A(\infty) = 0$ est possible.

et, dans chaque cas, la sélection souhaite maximiser la fitness moyenne (figure 4.3). Lorsque $w_{Aa} > w_{AA}$ et $w_{Aa} > w_{aa}$, la valeur maximale est prise en $p_A(\infty)$. Mais, si $w_{Aa} < w_{AA}$ et $w_{Aa} < w_{aa}$, $p_A(\infty)$ correspond à la valeur minimale.

Nous pouvons généraliser notre modèle de sélection et introduire des mutations ($A \xrightarrow{\mu} a$). Cela est d'un intérêt particulier lorsque a est dommageable. La généralisation de (4.1) est la suivante :

$$p_A(t+1) = (p_A(t)^2 w_{AA}/\bar{w} + p_A(t)\, p_a(t)\, w_{Aa}/\bar{w})(1-\mu).$$

Cela exprime simplement le fait que, lors du passage d'une génération à la prochaine, une fraction μ des allèles A se transforme en a.

Si $h = 0$, seul le génotype aa a une fitness réduite :

$$w_{AA} = w_{Aa} = 1 \text{ et } w_{aa} = 1 - s.$$

L'équation de l'équilibre est donc :

$$p_A(\infty) = \frac{\left(p_A(\infty)^2 + p_A(\infty)\, p_a(\infty)\right)(1-\mu)}{\left(p_A(\infty)^2 + 2p_A(\infty)p_a(\infty) + p_a(\infty)^2(1-s)\right)}$$

$$\Longleftrightarrow$$

$$p_A(\infty)\left(p_A(\infty)^2 + 2p_A(\infty)(1-p_A(\infty)) + (1-p_A(\infty))^2(1-s)\right) = (1-\mu)p_A(\infty)$$
$$p_A(\infty)^2(1-2+(1-s)) + p_A(\infty)(2-2(1-s)) + (1-s) - (1-\mu) = 0$$
$$s(p_A(\infty))^2 - 2s\,p_A(\infty) - \mu + s = 0 \Rightarrow p_a(\infty) = \sqrt{\mu/s}.$$

Si, en revanche, $h > 0$ (dominance partielle de l'allèle a), alors

$$p_a(\infty) \cong \frac{\mu}{hs}.$$

4.2.2 Équilibres démographiques

Une analyse grossière de la dynamique d'une population est possible en la divisant en tranches d'âge. Soit

$$n(t) = (n_1(t), n_2(t), \ldots, n_k(t))$$

le nombre moyen d'individus à la génération $t = 0, 1, 2, \ldots$ dans les classes d'âge $1, 2, \ldots, k$. Pour décrire la dynamique créée par naissances et par décès, on introduit les paramètres de fécondité et de mortalité :

$$f_1, f_2, \ldots, f_k$$
$$m_1, m_2, \ldots, m_k = 1.$$

La mortalité m_i est égale à la probabilité qu'un individu de la classe d'âge i meure avant d'atteindre la classe $i + 1$. La fécondité f_i est égale au nombre moyen de descendants d'un individu de la classe d'âge i, avant d'atteindre la classe $i + 1$. Dans ce modèle simple, ces paramètres restent inchangés d'une génération à l'autre. Sous cette hypothèse, le vecteur $n(t)$ évolue selon l'équation

$$n(t+1) = L_k\, n(t)$$

où $L_k \in \mathbb{R}^{k\times k}$ est égale à

$$L_k = \begin{pmatrix} f_1 & f_2 & \cdots & f_{k-1} & f_k \\ 1-m_1 & 0 & \cdots & 0 & 0 \\ \vdots & \vdots & \vdots & \vdots & \vdots \\ 0 & 0 & \cdots & 1-m_{k-1} & 0 \end{pmatrix}.$$

La première ligne du système

$$n_1(t+1) = f_1\, n_1(t) + \cdots + f_k\, n_k(t)$$

compte simplement le nombre moyen de naissances, tandis que

$$n_i(t) = (1 - m_{i-1}) n_{i-1}(t) \quad (i = 2, \ldots, k)$$

compte le nombre moyen de survivants. Notre équation a comme conséquence

$$n(t) = L_k^t n(0). \tag{4.3}$$

Exemple 4.1 *(Fibonacci). Si $f_1 = f_2 = 1$ et $m_1 = 0$, on obtient la matrice*

$$L_2 = \begin{pmatrix} 1 & 1 \\ 1 & 0 \end{pmatrix}$$

et en commençant avec $n(0) = \binom{1}{0}$, la suite des populations est :

$$n(0) = \begin{pmatrix} 1 \\ 0 \end{pmatrix};\ n(1) = \begin{pmatrix} 1 \\ 1 \end{pmatrix};\ n(2) = \begin{pmatrix} 2 \\ 1 \end{pmatrix};\ n(3) = \begin{pmatrix} 3 \\ 2 \end{pmatrix};\ n(4) = \begin{pmatrix} 5 \\ 3 \end{pmatrix}; \ldots$$

La suite des valeurs de la classe d'âge 2 est :

$$1,\ 1,\ 2,\ 3,\ 5,\ 8,\ 13, \ldots,$$

les nombres de Fibonacci. À la longue, un équilibre s'installe dans le rapport des nombres d'individus dans les deux classes

$$\frac{0}{1} \to \frac{1}{1} \to \frac{1}{2} \to \frac{2}{3} \to \frac{3}{5} \to \frac{5}{8} \to \cdots \frac{2}{1+\sqrt{5}}.$$

Cela s'explique par les propriétés qui découlent de

$$n(t) = L_2^t n(0).$$

Si $n(0)$ est un vecteur propre de L_2, c'est-à-dire si

$$L_2\, n(0) = \lambda\, n(0),$$

alors $n(t) = \lambda^t n(0)$. Si $n(0)$ n'est pas un vecteur propre, le résultat reste approximativement vrai, avec λ la valeur propre la plus importante. Dans notre exemple, les valeurs propres vérifient :

$$det \begin{pmatrix} 1-\lambda & 1 \\ 1 & -\lambda \end{pmatrix} = \lambda^2 - \lambda - 1 = 0$$

et donc $\lambda = 1/2 \pm 1/2\,\sqrt{5}$. La valeur propre la plus grande est $(1+\sqrt{5})/2 = 1,618$.

L'exemple montre que l'analyse de (4.3) passe par une bonne compréhension de la matrice L_k. Les valeurs propres λ de L_k vérifient

$$\det(L_k - \lambda\, I_k) = 0.$$

Pour $k = 1$, $L_1 = f_1$ et $\lambda = f_1$. Pour $k = 2$,

$$L_2 = \begin{pmatrix} f_1 & f_2 \\ 1 - m_1 & 0 \end{pmatrix}, \quad \text{et} \quad (f_1 - \lambda)(-\lambda) - f_2(1 - m_1) = 0.$$

En général, il faut calculer le déterminant de

$$L_k - \lambda\, I_k = \begin{pmatrix} f_1 - \lambda & f_2 & \cdots & f_{k-1} & f_k \\ 1 - m_1 & -\lambda & \cdots & 0 & 0 \\ \vdots & \vdots & \vdots & \vdots & \vdots \\ 0 & 0 & \cdots & 1 - m_{k-1} & -\lambda \end{pmatrix}.$$

On obtient

$$\det(L_k - \lambda\, I_k) = -\lambda \det(L_{k-1} - \lambda\, I_{k-1}) -$$

$$(1 - m_{k-1}) \times \det \begin{pmatrix} f_1 - \lambda & f_2 & \cdots & f_{k-2} & f_k \\ 1 - m_1 & -\lambda & \cdots & 0 & 0 \\ \vdots & \vdots & \vdots & \vdots & \vdots \\ 0 & 0 & \cdots & 1 - m_{k-2} & 0 \end{pmatrix}$$

$$= -\lambda \det(L_{k-1} - \lambda\, I_{k-1}) + (-1)^{k-1}(1 - m_{k-1})(1 - m_{k-2}) \cdots (1 - m_1) f_k.$$

Nous avons déjà vu que $\det(L_1 - \lambda\, I_1) = f_1 - \lambda$. La formule de récursion que nous venons de trouver nous donne donc

$$\det(L_2 - \lambda\, I_2) = -\lambda(f_1 - \lambda) - (1 - m_1) f_2 = \lambda^2 - \lambda\, f_1 - (1 - m_1) f_2.$$

De même,

$$\begin{aligned} \det(L_3 - \lambda\, I_3) &= -\lambda(\lambda^2 - \lambda\, f_1 - (1 - m_1) f_2) + (1 - m_1)(1 - m_2) f_3 \\ &= -\lambda^3 + \lambda^2 f_1 + \lambda(1 - m_1) f_2 + (1 - m_1)(1 - m_2) f_3. \end{aligned}$$

En général, les valeurs propres vérifient ainsi

$$\begin{aligned} &\lambda^k - \lambda^{k-1} f_1 - \lambda^{k-2}(1 - m_1) f_2 - \lambda^{k-3}(1 - m_1)(1 - m_2) f_3 - \cdots \\ &-(1 - m_1)(1 - m_2) \cdots (1 - m_{k-1}) f_k. \end{aligned} \tag{4.4}$$

Les vecteurs propres $v = (v_1, \ldots, v_k)$ sont faciles à trouver. Ils vérifient $\lambda\, v = L_k v$ ce qui implique

$$\begin{aligned} \lambda\, v_1 &= f_1\, v_1 + f_2\, v_2 + \cdots + f_k\, v_k \\ \lambda\, v_2 &= (1 - m_1) v_1 \\ \lambda\, v_3 &= (1 - m_2) v_2 \\ &\vdots \\ \lambda\, v_k &= (1 - m_{k-1}) v_{k-1}. \end{aligned}$$

La solution de ce système vérifie :

$$\begin{aligned}
v_2 &= \frac{1-m_1}{\lambda} v_1 \\
v_3 &= \frac{1-m_2}{\lambda} v_2 = \frac{(1-m_1)(1-m_2)}{\lambda^2} v_1 \\
&\vdots \\
v_k &= \frac{1-m_{k-1}}{\lambda} v_{k-1} = \frac{(1-m_1)(1-m_2)\cdots(1-m_{k-1})}{\lambda^{k-1}} v_1 .
\end{aligned}$$

Les quantités qui apparaissent ici ont une interprétation naturelle, car $S_{i+1} = (1-m_1)\cdots(1-m_i)$ est simplement la probabilité de survivre jusqu'à la classe d'âge $(i+1)$.

Une population qui est soumis à (4.3) pendant un grande nombre de génération T aura une taille proportionelle à λ^T où λ est la plus grande valeur propre. Les rapports des v_j donnent les fréquences relatives dans les différentes classes d'âge. Ils dépendent des probabilités de survie et de la valeur de λ. Si les classes d'âge sont de courte durée, la formule (4.4)

$$\begin{aligned}
1 &= \lambda^{-1} f_1 + \lambda^{-2} S_2 f_2 + \lambda^{-3} S_3 f_3 + \cdots + \lambda^{-k} S_k f_k \\
&= \sum_{i=1}^{k} \lambda^{-i} S_i f_i
\end{aligned}$$

peut être analysée par le calcul intégral. En posant $\lambda = e^m$ et en approchant la somme par une intégrale, on a :

$$1 = \int_0^\infty e^{-mx} S(x) f(x) dx,$$

où $S(x)$ est la fonction de survie et $f(x)$ est la fécondité. Ces deux fonctions vérifient :

(i) $S(x) = P$(un individu aléatoirement sélectionné a une durée de vie $> x$) ;

(ii) $f(x)$ t.q. $\int_a^b f(x)dx = P$(un individu se reproduit entre les âges a et b).

Si tous les individus se comportent selon S et f, la population atteint une pyramide d'âges stable et croît exponentiellement. Soit Pop(t) la taille de la population au temps t. Il s'ensuit :

$$\frac{d\text{Pop}(t)}{dt} = m \times \text{Pop}(t),$$

ou $\text{Pop}(t) \propto e^{mt}$.

4.3 Populations finies

Les équilibres limites que nous avons étudiés jusqu'ici sont basés sur l'hypothèse d'une population de taille infinie car notre théorie néglige complètement l'effet de l'aléatoire dans la sélection des gamètes qui s'unissent pour créer les individus de la prochaine génération. Si chaque génération ne comportait que N individus et donc $2N$ allèles, le résultat de Hardy et Weinberg (lemme 3.1) ne serait valide qu'uniquement au niveau des fréquences espérées et non pas des proportions actuelles des allèles et des génotypes. Dans cette section, nous allons découvrir que le calcul basé sur l'espérance et négligeant la variation est trop réducteur. La figure 4.4 nous rappelle graphiquement comment, dans le modèle de Wright et Fisher, la nouvelle génération se constitue à partir de la génération parentale.

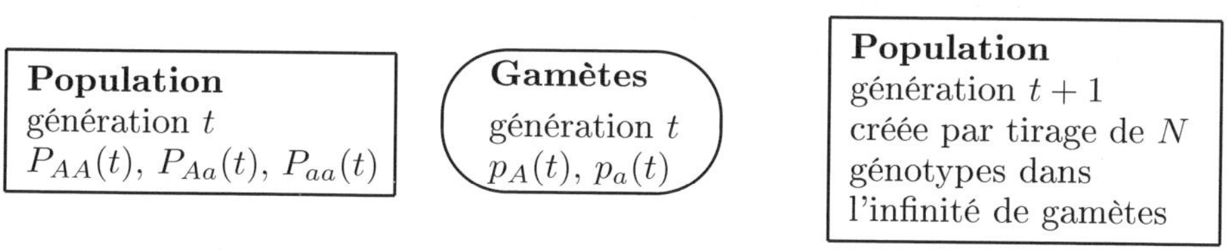

Figure 4.4 – Ce schéma rappelle la construction des descendants selon le modèle de Wright-Fisher.

Quelles sont les propriétés statistiques de ce processus ? Pour répondre à cette question, il est utile d'introduire une notation supplémentaire. Indiquons les générations par $t = 0, 1, 2, \ldots$ et soit $N_A(t)$ le nombre d'allèles A à la génération t. À partir de cette quantité, tout peut être déduit. Parce que N est constant, le nombre d'allèles a est $N_a(t) = 2N - N_A(t)$, la fréquence de l'allèle A est $p_A(t) = N_A(t)/(2N)$, etc. La seule différence avec les formules que nous avons considérées auparavant est la nature aléatoire du modèle. La génération $t = 0$ correspond à l'état de départ et nous allons traiter $N_A(0)$ comme étant connu. $N_A(t)$ pour $t > 0$ étant construit par tirage aléatoire, la suite $(N_A(t))_{t\geq 0}$ constitue un processus stochastique en temps discret. Par conséquent, $p_A(t)$ aussi est aléatoire. En sachant $N_A(t)$, les propriétés de $N_A(t+1)$ sont connues. Un tel processus est dit *markovien*. La loi conditionnelle de $N_A(t+1)$ en connaissant $N_A(t)$ est simplement une loi binomiale :

$$N_A(t+1)|N_A(t) \sim \text{Binominal}(2N, p_A(t))\,, \tag{4.5}$$

car $N_A(t+1)$ est obtenue en tirant avec remise et de manière aléatoire $2N$ fois dans une urne constituée de $2N$ boules, dont $N_A(t)$ de type A. Il s'ensuit que

$$\begin{aligned} E\left(N_A(t+1)|N_A(t)\right) &= 2Np_A(t) = N_A(t) \\ \mathrm{Var}\left(N_A(t+1)|N_A(t)\right) &= N_A(t)(1-p_A(t)). \end{aligned}$$

Si X et Y sont deux variables aléatoires quelconques, on a les formules

$$\begin{aligned} E(X) &= E\left(E\left(X|Y\right)\right) \\ \mathrm{Var}(X) &= \mathrm{Var}\left(E\left(X|Y\right)\right) + E\left(\mathrm{Var}\left(X|Y\right)\right). \end{aligned}$$

En appliquant ces expressions aux variables $N_A(t+1)$ et $N_A(t)$, on a donc

$$E(N_A(t+1)) = E\left(N_A(t)\right) \tag{4.6}$$

$$\mathrm{Var}(N_A(t+1)) = \mathrm{Var}\left(N_A(t)\right) + E\left(N_A(t)(1-p_A(t))\right). \tag{4.7}$$

La première formule montre que l'*espérance* du nombre des allèles A, et donc également de leur fréquence, reste inchangée d'une génération à l'autre, tandis que la deuxième nous démontre que la variance autour de cette moyenne augmente à chaque passage par

$$E\left(N_A(t)(1-p_A(t))\right) = N\,E\left(2p_A(t)(1-p_A(t))\right). \tag{4.8}$$

Cet accroissement est strictement positif sauf si $p_A(t) = 0$ ou $p_A(t) = 1$. La deuxième écriture fait appel à l'*hétérozygotie*

$$H(t) = 2p_A(t)(1-p_A(t)),$$

qui est égale à la probabilité conditionnelle pour la création d'un individu hétérozygote en génération $t+1$ ou bien la probabilité que lors du tirage de deux allèles en génération t, un des allèles est A et l'autre a. En introduisant $N_A(t-1)$ dans les calculs, on peut déduire une formule récursive pour $E(H(t))$. On a

$$E\left(H(t)\right) = E\left(E\left(2p_A(t)(1-p_A(t))|N_A(t-1)\right)\right)$$

et l'espérance intérieure est assez facile à calculer pour une variable binomiale. Si $X \sim \text{Binominal}(n,p)$, il s'ensuit que

$$\begin{aligned} E(X(n-X)) &= nE(X) - E(X^2) = nE(X) - (\mathrm{Var}(X) + E(X)^2) \\ &= n^2p - (np(1-p) + n^2p^2) = (n^2-n)p(1-p) = n(n-1)p(1-p). \end{aligned}$$

Dans notre cas, en utilisant (4.5), on trouve :

$$E\left(N_A(t)\left(2N - N_A(t)\right)|N_A(t-1)\right) = 2N(2N-1)p_A(t-1)(1-p_A(t-1)).$$

En divisant les deux côtés de cette expression par $(2N)^2$ et en prenant l'espérance on arrive à :

$$\begin{aligned} E\left(H(t)\right) &= \left(1 - \frac{1}{2N}\right) E\left(H(t-1)\right)) \\ &= \left(1 - \frac{1}{2N}\right)^t H(0) = \left(1 - \frac{1}{2N}\right)^t 2p_A(0)(1-p_A(0)). \end{aligned} \tag{4.9}$$

En substituant dans (4.7), on obtient finalement la formule

$$\begin{aligned}\mathrm{Var}(N_A(t+1)) &= \mathrm{Var}\,(N_A(t)) + \left(1-\frac{1}{2N}\right) N\,E(H(t-1)) \\ &= \mathrm{Var}\,(N_A(t)) + \left(1-\frac{1}{2N}\right)^t N\,2p_A(0)(1-p_A(0)).\end{aligned}$$

Il en découle que :

$$\begin{aligned}\mathrm{Var}(N_A(t+1)) &= \mathrm{Var}\,(N_A(t)) + \left(1-\frac{1}{2N}\right)^t N\,H(0) \\ &= \mathrm{Var}\,(N_A(t-1)) + NH(0)\left(\left(1-\frac{1}{2N}\right)^{t-1} + \left(1-\frac{1}{2N}\right)^t\right) \\ &= \mathrm{Var}\,(N_A(0)) + NH(0)\left(\left(1-\frac{1}{2N}\right)^{0} + \cdots + \left(1-\frac{1}{2N}\right)^t\right) \\ &= 2Np_A(0)(1-p_A(0))\,\frac{1-(1-1/(2N))^{t+1}}{1/(2N)}.\end{aligned}$$

La variance est nulle au temps $t = 0$ et converge vers $(2N)^2p_A(0)-(2N)^2p_A(0)^2$. Ce que cette limite signifie n'est pas évident, mais heureusement l'équation (4.9) que nous avons découverte lors du calcul est plus concise et possède une interprétation biologique évidente. La quantité $p_A(t)^2+(1-p_A(t))^2$ correspond à la probabilité que deux allèles tirés au hasard dans la population en génération t soient égaux. Ce chiffre caractéristique est dit l'*homozygotie* et vaut $1-H(t)$. L'équation (4.9) montre que l'hétérozygotie d'une population de taille N qui est soumise aux fluctuations aléatoires du modèle de Wright-Fisher converge vers zéro lorsque $t \to \infty$ et, par conséquent, il ne reste à la limite que des individus homozygotes. En effet, $p_A(t) \to 0$ ou bien $p_A(t) \to 1$, c'est-à-dire soit l'un ou l'autre des deux allèles est éliminé.

Ce résultat explique aussi la limite pour la variance. La chance que l'allèle A soit le seul à survivre est égale à $p_A(0)$. Lorsque $t \to \infty$, la variable $N_A(t)$ converge donc soit vers $2N$ avec probabilité $p_A(0)$, soit vers zéro avec probabilité $1 - p_A(0)$. La variance limite est égale à la variance de cette variable limite binaire.

On aurait dû deviner ce résultat car la convergence vers les états 0 et $2N$ est simplement une conséquence du fait que $N_A(t)$ est une chaîne de Markov avec états $\{0, 1, \ldots, 2N\}$, où 0 et $2N$ sont absorbants.

Nos calculs indiquent qu'il existe une homogénéisation dans le modèle de Wright et Fisher. Du fait uniquement de l'échantillonnage, en absence de toute sélection, les allèles rares disparaissent avec une assez grande probabilité, mais peuvent à leur tour et avec une petite probabilité devenir dominants et déplacer d'autres allèles. Ce phénomène est appelé la *dérive génétique* (« *genetic drift* »).

Si la taille N de la population est grande, on a $1 - 1/(2N) \approx \exp(-1/(2N))$ et obtient ainsi

$$E(H(t)) \approx \exp\left(-t/(2N)\right) H(0).$$

La convergence de l'hétérozygotie vers zéro est exponentielle.

4.3.1 Simuler le modèle de Wright-Fisher

Il est facile d'écrire un petit logiciel pour simuler le modèle de Wright-Fisher. Ainsi, la figure 4.5 montre une très courte simulation d'une population de $N = 2$ individus. Dans ce modèle, il n'est pas nécessaire d'accoupler les allèles pour créer des génotypes. Il suffit de simplement lister les $2N$ allèles séléctionnés lors de chaque génération et de montrer leur descendance. Dans ce sens, nous parlerons d'ancêtres et de descendants d'un allèle. Ce cas simple, illustré à la figure 4.5, dévoile quelques phénomènes importants. Tout d'abord, notez qu'à la cinquième génération il n'est pas seulement vrai que toute la population est homozygote (homozygotie égale à 1), il est également vrai que tous les allèles sont une copie de l'allèle 2 de la génération initiale. En général, la croissance de l'homozygotie va de pair avec un accroissement de la probabilité que deux allèles soient IBD.

4.3.2 Identité par descendance (IBD)

Dans une population de taille finie, les fréquences d'allèles neutres fluctuent de manière aléatoire et la population a tendance à devenir homogène. Que l'homozygotie et le taux IBD montent en parallèle est assez naturel. Deux individus sélectionnés aléatoirement dans une population isolée de petite taille ont souvent un ou plusieurs ancêtres communs. Il s'avère qu'un argument très simple suffit pour nous donner une formule utile. Soit $F(t)$ la probabilité que deux allèles tirés de la population en génération t soient identiques par descendance (IBD). Supposons que la population contienne à chaque génération N individus et $2N$ allèles. En utilisant le modèle de Wright-Fisher, on peut dire que :

$$\begin{aligned} F(t) &= P(\text{deux allèles aléatoirement choisis de la génération } t \text{ sont IBD}) \\ &= P(\text{les deux allèles sont copies du même allèle en génération } t-1) \\ &+ P(\text{les deux allèles sont descendants de deux allèles différents} \\ &\quad \text{de la génération } t-1\text{, mais ces deux étaient IBD}). \end{aligned}$$

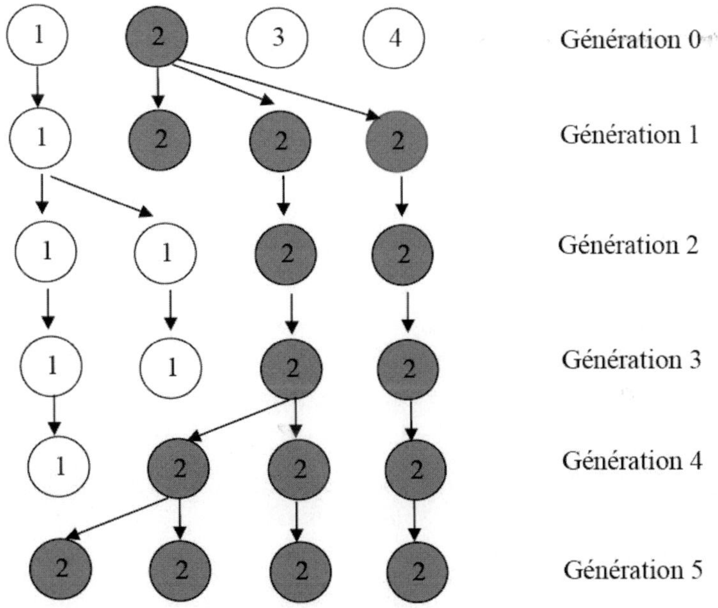

Figure 4.5 – En génération zéro, les quatre allèles sont numérotés 1 jusqu'à 4. Ces chiffres sont utiles pour montrer les dépendances entre générations. Les couleurs distinguent les allèles A (gris) des allèles a (blanc). Après cinq transitions, non seulement le seul allèle qui est représenté est l'allèle A, mais tous les allèles sont IBD, des copies de l'allèle 2.

En d'autres termes :

$$\begin{aligned} F(t) &= \frac{1}{2N} + \left(1 - \frac{1}{2N}\right) F(t-1) \iff \\ 1 - F(t) &= \left(1 - \frac{1}{2N}\right)(1 - F(t-1)) \iff \end{aligned} \tag{4.10}$$

$$1 - F(t) = \left(1 - \frac{1}{2N}\right)^t (1 - F(0)).$$

On retrouve exactement la loi qui détermine les propriétés de l'espérance de l'homozygotie. On peut donc dire que, sous le modèle de Wright-Fisher, la population entière devient génétiquement identique et cela à une vitesse exponentielle. Pour créer un modèle plus réaliste, il sera nécessaire d'introduire des mutations pour faire entrer plus de diversité génétique.

4.3.3 Le processus de coalescence

Avant de considérer les mutations, il est utile de reconsidérer notre simulation du processus de Wright-Fisher, mais cette fois en traçant la descendance des allèles de la génération cinq. Cela revient à renverser le temps dans le processus de Wright-Fisher. Au lieu de regarder en avant, vers les générations futures, on regarde en arrière pour comprendre l'historique. La figure 4.6 indique le résultat.

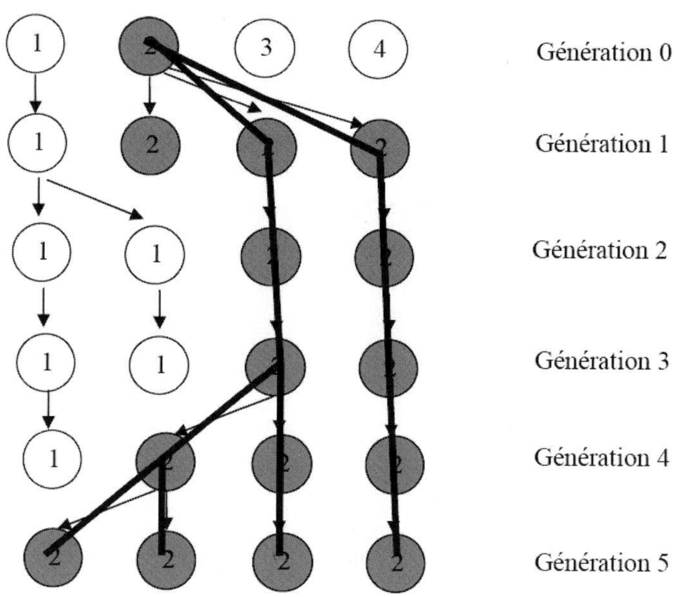

Figure 4.6 – L'arbre montre la descendance des quatres copies de l'allèle 2 de la cinquième génération. La racine est l'allèle 2 de la population initiale et les feuilles sont les quatres copies de cet allèle à la génération cinq. Trois fusions ont lieu, une en génération 4, une en génération 3 et la dernière en génération 0.

La figure 4.6 montre une simulation du processus avec 8 allèles durant sept passages du processus de Wright et Fisher. Après le sixième passage, seule l'allèle numéro 4 reste dans la course.

Certaines propriétés statistiques des arbres généalogiques générés par le processus de Wright-Fisher sont simples à trouver. En sélectionnant k allèles dans une génération quelconque, on peut construire l'arbre de descendance en retraçant leur destin dans les générations précédentes. Ce processus crée des fusions ou des coalescences en ce sens que deux allèles qui s'unissent dans une génération parce qu'ils ont été descendants d'un même ancêtre, restent unis dans toutes les générations précédentes. En principe, l'arbre obtenu n'est pas

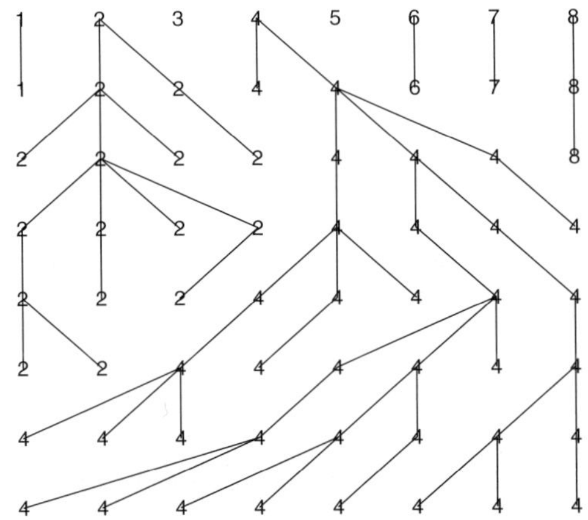

Figure 4.7 – Une simulation du processus Wright-Fisher avec 8 allèles numérotés de 1 à 8. Les traits indiquent les allèles qui ont été choisis lors du passage d'une génération à la prochaine.

forcément binaire, car il est possible que trois allèles soient descendants d'un seul parent, mais cette possibilité est négligable si N est suffisamment grand.

4.4 Les arbres généalogiques produits par le processus de Wright-Fisher

Deux allèles identiques dans une population finie qui évolue selon le modèle de Wright-Fisher ont toujours un ancêtre commun, peut-être dans une génération lointaine. Et tout ensemble de k allèles identiques possède un arbre généalogique dont la racine est un fondateur, un ancêtre commun à tous. Nous allons maintenant effectuer les calculs pour décrire le temps aléatoire nécessaire pour remonter vers cet ancêtre commun. Pour commencer, prenons deux allèles. Nous allons compter le temps en générations et en allant vers le passé. Le présent est représenté par $g = 0$, la génération d'avant $g = 1$ et ainsi de suite.

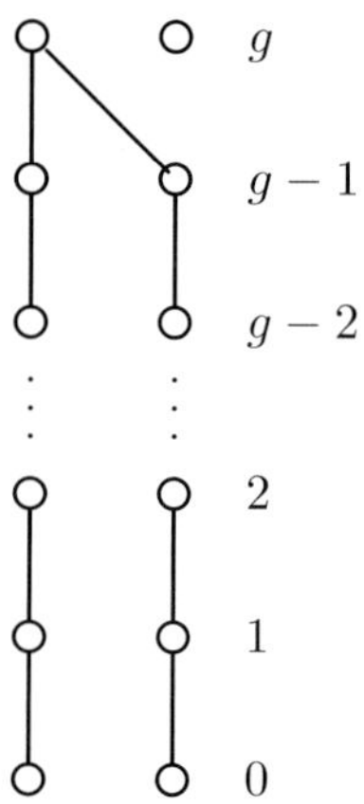

Sous le modèle de Wright-Fisher, chaque individu est constitué par tirage aléatoire parmi les $2N$ allèles de la génération précédente et nous avons :

$$\begin{aligned}&P(\text{deux allèles ont un ancêtre commun}\\&\text{il y a exactement } g \text{ générations})\\&= \frac{1}{2N}\left(1-\frac{1}{2N}\right)^{g-1},\end{aligned}$$

où N est le nombre d'individus. Cette formule s'explique par le fait que $p_2 = (1 - 1/(2N))$ est la probabilité que deux allèles d'une génération quelconque aient deux ancêtres distincts.

Ce calcul montre que le nombre de générations G_2 nécessaires jusqu'à la fusion de deux allèles est une variable aléatoire géométrique. Si l'on souhaite étudier le passé de $k \geq 2$ au lieu de $k = 2$ allèles, le temps G_k jusqu'à la première fusion suit à nouveau une loi géométrique, mais le paramètre p_2 doit être modifié. Pour 3 allèles par exemple,

$$\begin{aligned}p_3 &= P(\text{trois allèles ont trois ancêtres distincts})\\&= P(\text{les 2 premiers tirages ont des ancêtres distincts})\\&\quad P(\text{le troisième tirage a un ancêtre différent de 2 et de 1})\\&= \left(1-\frac{1}{2N}\right)\left(1-\frac{2}{2N}\right).\end{aligned}$$

En général, $p_k = P(k$ allèles ont k ancêtres distincts), soit

$$\left(1-\frac{1}{2N}\right)\left(1-\frac{2}{2N}\right)\left(1-\frac{3}{3N}\right)\cdots\left(1-\frac{k-1}{2N}\right).$$

L'événement que les k allèles aient k ancêtres durant $g-1$ générations et qu'au moins deux d'entre eux s'unissent au g^e passage a donc la probabilité :

$$P(G_k = g) = p_k^{g-1}(1-p_k). \tag{4.11}$$

Si la taille N de la population est grande, la probabilité p_k est très proche de 1 et les temps de fusion sont longs. On peut dans ce cas remplacer le temps discret mesuré en générations $g \in \{1, 2, \ldots\}$ par une variable aléatoire continue $T_k \geq 0$ avec une loi Exponentielle(λ_k). La fonction de répartition correspondante est $F_k(t) = 1 - \exp(-\lambda_k\, t)$, ce qui montre que

$$P(g-1 \leq T_k \leq g) = F_k(g) - F_k(g-1) = \exp(-\lambda_k\,(g-1))(1-\exp(-\lambda_k)). \tag{4.12}$$

Pour avoir égalité entre (4.11) et (4.12), il faut choisir $\lambda_k = -\ln(p_k) = -\ln(1 - (1 - p_k)) \approx 1 - p_k$ où nous avons utilisé le fait que p_k est près de 1.

Pour de grandes valeurs de N, on peut approximativement calculer p_k :

$$\begin{aligned} p_k &= \left(1 - \frac{1}{2N}\right)\left(1 - \frac{2}{2N}\right)\cdots\left(1 - \frac{k-1}{2N}\right) \\ &= \left(1 - \frac{1 + 2 + \cdots + (k-1)}{2N} + O\left((k/N)^2\right)\right) \\ &= \left(1 - \binom{k}{2}/(2N)\right) + O(k^3/N^2), \end{aligned}$$

où $\binom{k}{2} = k(k-1)/2$ est le nombre de tirages possibles de deux éléments parmi k. Ce résultat est intuitif car $\binom{k}{2}/(2N)$ est une borne supérieure pour la probabilité qu'au moins deux parmi les k aient un ancêtre commun dans une étape de Wright-Fisher. Si N est grand et k/N est petit, cette borne est proche de $1 - p_k$, ce qui montre que le temps de fusion T_k de deux allèles parmi k suit sous ces conditions une loi exponentielle

$$T_k \sim \text{Exponentielle}\left(\lambda_k = \binom{k}{2}/(2N)\right).$$

L'espérance approximative de T_k est :

$$E\left(T_k\right) \approx \frac{1}{\lambda_k} \approx \frac{4N}{k(k-1)}.$$

Notez encore une fois que, dans cette analyse, nous écartons la possibilité que trois ou plus des allèles fusionnent au même moment. Au temps T_k, les k allèles deviennent donc $k-1$ allèles et le jeu de fusion recommence. Si l'on veut calculer le temps moyen jusqu'au deuxième événement de fusion, on obtient

$$\begin{aligned} E(T_k + T_{k-1}) &= \frac{4N}{k(k-1)} + \frac{4N}{(k-1)(k-2)} \\ &= \frac{4N(k-2+k)}{k(k-1)(k-2)} = 4N\,\frac{2}{k(k-2)}. \end{aligned}$$

et le temps moyen jusqu'à l'union de tous les k allèles vaut :

$$\begin{aligned} E(T_k + T_{k-1} + \cdots + T_2) &= 4N\Big(\frac{1}{k(k-1)} + \frac{1}{(k-1)/(k-2)} \\ &\quad + \frac{1}{(k-2)(k-3)} + \cdots + \frac{1}{2 \times 1}\Big) \\ &= 4N\left(\frac{k-1}{k}\right). \end{aligned}$$

Cette dernière égalité est une conséquence de :

$$2/(k(k-2)) + 1/((k-2)(k-3)) = (2(k-3)+k)/(k(k-2)(k-3)) = 3/(k(k-3))$$

et ainsi de suite. Notez que $E(T_2) = 4N/2$, c'est-à-dire le temps d'attente moyen entre l'avant-dernier et le dernier événement de fusion, est à peu près la moitié du temps d'attente complet.

4.5 Combiner mutations et dérive génétique

4.5.1 Le modèle de Wright-Fisher avec mutations

Dans cette section, nous étudions à nouveau le modèle de Wright-Fisher avec deux allèles A et a, mais cette fois nous ajoutons la possibilité d'une mutation réversible

$$A \underset{p_{aA}}{\overset{p_{Aa}}{\rightleftarrows}} a\,,$$

Lorsque l'on constitue la nouvelle population des $2N$ allèles par tirage avec remise dans l'ancienne population, l'allèle tiré peut se transformer avec des probabilités p_{Aa} et p_{Aa}. Le nombre $N_A(t)$ d'allèles A à la génération t est de nouveau une chaîne de Markov à états $0, 1, \ldots, 2N$, mais cette fois, les deux valeurs 0 et $2N$ ne sont pas absorbantes et la chaîne est récurrent. De plus, la chaîne est irréductible, car tout état peut être atteint à partir de tout autre état. Cela implique qu'à la longue le processus sera en équilibre, atteint lorsque $N_A(t)$ suit la loi stationnaire. En absence de mutations, la loi conditionnelle de $N_A(t+1)$ en connaissant $N_A(t)$ était une loi binomiale avec $n = 2N$ tirages et $p = p_A(t) = N_A(t)/(2N)$ comme probabilité d'un succès. Dans le processus décrit ci-dessus, on trouve encore une fois une loi binomiale, mais la probabilité de succès doit être modifiée et devient :

$$p(t) = p_A(t)(1 - p_{Aa}) + (1 - p_A(t))p_{aA}\,.$$

Pour que le résultat d'un tirage soit l'allèle A, il faut soit tirer un allèle A qui ne se mute pas, soit tirer un a qui se mute en A. Cela montre que

$$\begin{aligned}
E(N_A(t+1)|N_A(t)) &= 2Np(t) \\
&= 2Np_A(t)(1 - p_{Aa}) + 2N(1 - p_A(t))p_{aA} \\
&= N_A(t)(1 - p_{Aa}) + (2N - N_A(t))p_{aA} \\
E(N_A(t+1)) &= (1 - p_{Aa})E(N_A(t)) + p_{aA}(2N - E(N_A(t))).
\end{aligned}$$

La moyenne stationnaire $\mu_s = \lim_{t\to\infty} E(N_A(t))$ vérifie donc

$$\mu_s = (1 - p_{Aa})\mu_s + p_{aA}(2N - \mu_s) \Rightarrow \mu_s = 2N\frac{p_{aA}}{p_{Aa} + p_{aA}}\,.$$

Pour la limite de la variance, on peut argumenter comme suit :

$$\begin{aligned}
\mathrm{Var}(N_A(t+1)) &= \mathrm{Var}(E(N_A(t+1)|N_A(t))) + E(\mathrm{Var}(N_A(t+1)|N_A(t))) \\
&= \mathrm{Var}(2Np(t)) + E(2Np(t)(1 - p(t))) \\
&= \mathrm{Var}(2Np(t)) + E(2Np(t)) - E\left((2Np(t))^2\right)/(2N) \\
&= \mathrm{Var}(2Np(t))\,(1 - 1/(2N)) + E(2Np(t)) - [E(2Np(t))]^2/(2N)\,,
\end{aligned}$$

où nous avons utilisé le fait que $E((2Np(t))^2) = \mathrm{Var}(2Np(t)) + E(2Np(t))^2$. De la définition de $p(t)$, nous savons que

$$2Np(t) = N_A(t)(1-p_{Aa})+(2N-N_A(t))p_{aA} = N_A(t)(1-(p_{Aa}+p_{aA}))+2Np_{aA}\,,$$

ce qui démontre que $\mathrm{Var}(2Np(t)) = (1-(p_{Aa}+p_{aA}))^2\,\mathrm{Var}(N_A(t))$.

Lorsque $t \to \infty$, $E(2Np(t)) \to \mu_s$ et $\mathrm{Var}(N_A(t)) \to \sigma_s^2$. On trouve donc l'équation

$$\sigma_s^2 = \sigma_s^2(1-1/(2N))(1-(p_{Aa}+p_{aA}))^2 + \mu_s - \mu_s^2/(2N)\,,$$

dont la solution est

$$\sigma_s^2 = \frac{\mu_s(1-\mu_s/(2N))}{1-(1-1/(2N))(1-(p_{Aa}+p_{aA}))^2}\,.$$

Parce que les probabilités des mutations sont faibles, on peut négliger les termes quadratiques

$$(1-(p_{Aa}+p_{aA}))^2 \approx 1-2(p_{Aa}+p_{aA}) \approx \frac{1}{1+2(p_{Aa}+p_{aA})}$$

En substituant la dernière expression, la formule devient

$$\sigma_s^2 = \frac{\mu_s}{2N}\left(1-\frac{\mu_s}{2N}\right)\left(2N+\frac{2N(2N-1)}{1+4N(p_{Aa}+p_{aA})}\right).$$

Le premier terme de cette somme correspond à une loi binomiale avec probabilité de succès $\mu_s/(2N) = p_{aA}/(p_{Aa}+p_{aA})$. Le deuxième terme s'additionne, ce qui montre que la loi stationnaire n'est pas exactement égale à cette loi binomiale. Elle a une variance plus élevée.

4.5.2 Mutations neutres

Au début du chapitre, nous avons effectué un calcul simple qui montre qu'il existe potentiellement presque une infinité de mutations différentes. Nombre d'entre elles n'ont aucune influence sur l'organisme, tandis que d'autres peuvent être bénéfiques dans certaines circonstances, et que d'autres encore peuvent être nocives. La *théorie neutre de l'évolution* se base sur l'idée que la majorité des mutations sont neutres et ne sont donc soumises à aucune force sélective. Cette théorie prédit qu'une grande partie de la variation génétique que l'on observe aujourd'hui est due à la dérive génétique. Certains allèles se sont répandus et d'autres ont disparu, uniquement par chance. Cette idée a été proposée par M. Kimura dans les années 1960.

Le processus de coalescence que nous avons étudié dans la dernière section est utile dans ce contexte. Supposons qu'une nouvelle mutation neutre ait été créée il y a longtemps et que, entre temps, cette nouvelle allèle ait complètement remplacé les anciens allèles. Selon nos formules, le temps espéré pour qu'une nouvelle mutation neutre se retrouve dans tous les individus d'une population (fixation) vaut $4N$. Cela est bien sûr un événement rare, car la grande majorité des nouvelles mutations disparaissent après quelques générations. Tout dépend de la taille N d'une population. Si durant une certaine période la taille N est petite, il est tout à fait probable qu'une nouvelle mutation puisse s'installer. Et si plus tard la population entre dans une période de forte croissance, alors une telle mutation peut s'épanouir.

On peut faire un calcul simple dans ce contexte. Supposons qu'une nouvelle mutation neutre $+ \to -$ soit introduite dans une population de taille N en génération t. Cela veut dire que la fréquence de l'allèle nouveau $-$ vaut $\frac{1}{2N} = p_-(t)$ (un seul allèle dans un ensemble de $2N$ allèles). Dans le modèle de Wright-Fisher, la probabilité que cet allèle disparaisse à la prochaine génération est alors

$$(1 - 1/2N)^{2N} \simeq e^{-1} = 0,368.$$

La fluctuation induite par tirage aléatoire a comme conséquence qu'un nouveaux mutant n'est présent dans la prochaine génération qu'avec une probabilité d'environ 2/3.

Si la théorie neutre de l'évolution était correcte, on ne devrait pas être surpris de voir de multiples types d'allèles pour tous les gènes. On dit qu'un tel gène est polymorphique.

Définition 4.1 *Un gène est dit polymorphique si son allèle le plus fréquent est présent dans moins de* 95 % *de la population.*

En résumé, on peut dire que de nombreux polymorphismes qui se retrouvent dans des populations humaines ne sont pas liés à des effets biologiques. On devrait plutôt les voir comme une sorte de bruit dans l'histoire d'une espèce et de la durée de son existence.

4.5.3 Nombre infini d'allèles

Une modification du modèle de Wright-Fisher qui est particulièrement simple est celle du *modèle à nombre infini d'allèles.* Toute mutation qui arrive dans ce modèle est une mutation nouvelle, encore jamais vue. Étant donné le grand nombre de mutations possibles, pour un gène de 1 000 pb, il y plus de $4^{1000} \approx 10^{602}$ allèles différents et cela en comptant seulement les 3 substitutions par pb et la délétion. Un grand nombre de ces mutations sont neutres et n'ont aucun effet sur la fécondité et la survie. On peut inclure ces mutations dans le modèle de Wright-Fisher en supposant que, lorsque l'on tire un allèle de la génération précédente et avant de l'introduire dans la nouvelle génération, on passe l'allèle à travers une procédure mutationnelle. Le résultat est tel que :

$$\begin{cases} \text{avec probabilité } \mu \text{ un nouvel allèle est créé} \\ \text{avec probabilité } 1-\mu \text{ l'allèle reste inchangé.} \end{cases}$$

Le nombre infini d'allèles fait référence au fait que tout allèle produit par une mutation est toujours unique. Un allèle créé par mutation est toujours une nouveauté et ne duplique jamais une mutation déjà présente. Ce modèle a été présenté la première fois dans Kimura *et al.*, 1964.

Sous ce modèle, il faut redéfinir le concept de l'identité par descendance. Un individu IBD est porteur de deux allèles qui sont tous les deux des copies d'un allèle d'un ancêtre commun et qui dans leur transmission de l'ancêtre vers le descendant n'ont subit aucune mutation. Comme dans (4.10), soit $F(t)$ la probabilité que deux gamètes tirés de la population en génération t soient identiques par descendance (IBD). Notre formule récursive précédente (4.10) devient :

$$F(t) = \frac{1}{2N}(1-\mu)^2 + \left(1 - \frac{1}{2N}\right)(1-\mu)^2 F(t-1). \tag{4.13}$$

Le raisonnement reste exactement le même. Pour que deux allèles soient IBD, il y deux chemins possibles. Soit les deux ont un parent commun dans la génération précédente et aucun des deux n'a muté, soit leurs parents sont différents, mais déjà IBD. Dans ce deuxième cas aussi, il faut s'assurer que les deux copies ne mutent pas. Sans le facteur $(1-\mu)^2$, $F(t)$ converge vers 1 lorsque le nombre de générations t tend vers ∞. La présence du taux de mutation assure un autre équilibre $F(t) \to F^\infty$, qui vérifie :

$$\begin{aligned}
F^\infty &= \frac{1}{2N}(1-\mu)^2 + \left(1 - \frac{1}{2N}\right)(1-\mu)^2 F^\infty \\
F^\infty\left(1 - \left(1 - \frac{1}{2N}\right)(1-\mu)^2\right) &= \frac{1}{2N}(1-\mu)^2 \\
F^\infty &= \frac{\frac{1}{2N} - \frac{\mu}{N} + \frac{\mu^2}{2N}}{2\mu + \frac{1}{2N} - \mu^2 - \frac{\mu}{N} + \frac{\mu^2}{2N}} \approx \frac{1}{1+4\mu N}.
\end{aligned} \tag{4.14}$$

L'approximation est bonne, si μ est petit et N est grand.

On peut considérer cette question sous l'angle de l'arbre généalogique créé par ce processus de Wright-Fisher avec mutations. Si l'on considère les ancêtres et les descendants de deux allèles, la chance qu'une mutation se manifeste dans une des deux lignes lors d'une transition entre générations vaut 2μ, tandis que la chance d'une fusion vaut $1/(2N)$. Sous ce point de vue, F^∞ est la probabilité que la fusion ait lieu avant la mutation et $1 - F^\infty$ est la probabilité que la mutation dans une des deux lignes arrive avant fusion. La figure 4.5.3 illustre cette limite en fonction de $4N\mu$.

On peut tirer certaines informations grossières sur le nombre d'allèles dans une population qui a vécu suffisamment longtemps. Si la population contient n allèles différents avec fréquences $(p_1, \ldots, p_n)$, alors la proportion des individus homozygotes (l'homozygotie) vaut $p_1^2 + \cdots + p_n^2$. Si, de plus, tous les allèles étaient équiprobables ($p_i = 1/n$), on trouverait $\left(\frac{1}{n}\right)^2 n = 1/n$ pour l'homozygotie. En posant F^∞ égale à $1/n$, on obtient $1/n = F^\infty = 1/(1+4N\mu)$, c'est-à-dire $n = 1 + 4N\mu$. Pour cette raison, on appelle l'inverse de F^∞ le

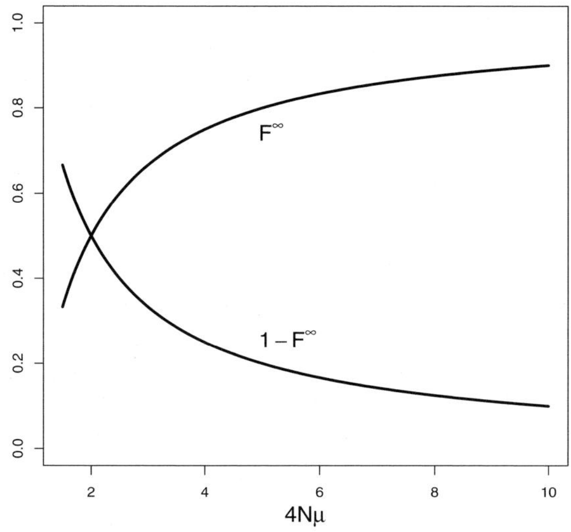

Figure 4.8 – Ce graphique montre la valeur limite F^∞ en fonction de $4N\mu$. Si par exemple $\mu = 10^{-5}$ et $N = 10^6$, on trouve $4N\mu = 40$ et $F^\infty = 1/41$.

nombre équivalent d'allèles dans la population

$$n_{\text{équivalent}} = 1 + 4\,N\mu\,.$$

Une description plus précise de l'état stationnaire du processus est pourtant possible. En choisissant par hasard k allèles dans les $2N$ allèles disponibles, on peut se demander combien d'allèles distincts on observera et quelle sera leur fréquence. En tirant dix allèles, par exemple, est-ce qu'on aura huit fois le même (IBD) complété par un deuxième allèle dont on aura deux copies ? Ou bien est-ce qu'on aura dix allèles différents, chacun étant représenté une seule fois ? La réponse à cette question est possible et donnée par la formule d'échantillonage de Ewens (voir Ewens, 1972). La formulation du résultat se base sur les chiffres a_i pour $i = 1, \ldots, k$, définis comme

$$a_i = \text{nombre d'allèles qui sont représentés } i \text{ fois dans l'échantillon}\,.$$

Les deux cas décrits ci-dessus avec $k = 10$ ont $a_i = 0$ pour tout i, à l'exception de $a_2 = 1$, $a_8 = 1$ ou bien $a_1 = 10$.

La quantité importante qui détermine la réponse à notre question est le quotient $2\mu/(1/2N) = 4\,N\mu$. Si ce rapport est grand, les mutations dominent. Dans le cas contraire, les fusions sont plus probables. Imaginons le déroulement du tirage des k allèles de manière séquentielle. Lors du premier tirage, on observe par définition un allèle nouveau. Après ce premier tirage, on a $k = 1$ et

$P(a_1 = 1) = 1$. Si on tire un deuxième allèle, deux cas se présentent. Soit le deuxième allèle est identique au premier, soit il s'agit d'un nouvel allèle, distinct du premier. La probabilité de tirer un allèle distinct et d'arriver à $a_1 = 2$ est $4\,N\mu/(1 + 4\,N\mu)$, tandis que la chance de tirer un allèle IBD et d'arriver à $(a_2 = 1)$ est $1/(1 + 4\,N\mu)$. Lorsque l'on tire le troisième allèle, la probabilité de tirer un allèle nouveau, distinct des allèles déjà représentés, est égale à $4\,N\mu/(2 + 4\,N\mu)$. Dans l'autre cas et avec la probabilité $2/(2 + 4\,N\mu)$, on tire un des allèles déjà représentés. Quel est l'allèle que l'on dupliquera dépend de la situation après deux tirages. Si on est dans l'état $a_1 = 2$ avec deux allèles distincts, chacun possède la même chance d'être doublé et on passe à l'état $(a_1 = 1, a_2 = 1)$. Si, en revanche, on se retrouve dans l'état $a_2 = 1$ avec deux allèles IBD, il n'y a qu'une seule possibilité et on passe à l'état $a_3 = 1$. En général, lors du k^{e} tirage, la probabilité de tirer un allèle nouveau est égale à $4\,N\mu/(k - 1 + 4\,N\mu)$ et la probabilité de re-tirer un allèle déjà représenté vaut $(k - 1)/(k - 1 + 4\,N\mu)$. Chacun des $k - 1$ allèles représentés possède la même chance d'être re-tiré. Soit $(a_1, \ldots, a_{k-1})$ l'état avant le k^{e} tirage. Cela veut donc dire que les $k - 1$ allèles sont répartis comme

$$1 \times a_1 + 2 \times a_2 + \cdots + (k - 1) \times a_{k-1},$$

où $a_1, a_2, \ldots$ est le nombre d'allèles représentés une seule fois, deux fois, etc. Notons $(b_1, \ldots, b_k)$ le nouvel état. Il est obtenu en doublant un des $k-1$ allèles, choisi au hasard. La probabilité de sélectionner un allèle de classe a_j est égale à $ja_j/(k-1)$ et la conséquence de ce choix est que $b_j = a_j - 1$ et $b_{j+1} = a_{j+1} + 1$. Cette explication de la formule d'Ewens est due à Hoppe, 1984.

En analysant la récursion ci-dessus, on découvre la formule d'Ewens qui donne directement la répartition de $a_1, \ldots, a_k$ après k tirages

$$P(a_1, \ldots, a_k) = \frac{k!}{(4\,N\mu)(4\,N\mu + 1)\cdots(4\,N\mu + k - 1)} \prod_{j=1}^{k} \frac{(4\,N\mu/j)^{a_j}}{a_j!}$$

(voir par exemple Durrett, 2002, section 1.3).

Soit N_k le nombre d'allèles distincts dans un échantillon d'allèles de taille k. On peut calculer son espérance et sa variance en écrivant $N_k = I_1 + \cdots + I_k$ avec I_j une variable indicatrice qui vaut 1, si lors du j^{e} tirage un nouvel allèle est tiré et qu'il vaut 0, si lors de ce tirage un allèle déjà présent est doublé. On trouve maintenant les formules suivantes :

$$\begin{aligned}
E(N_k) &= \sum_{j=1}^{k} E(I_j) = \sum_{j=1}^{k} 4\,N\mu/(j - 1 + 4\,N\mu) \\
&\sim 4\,N\mu \ln(k) \\
\mathrm{Var}(N_k) &= \sum_{j=1}^{k} \mathrm{Var}(I_j) = \sum_{j=1}^{k} \frac{4\,N\mu}{j - 1 + 4\,N\mu}\left(1 - \frac{4\,N\mu}{j - 1 + 4\,N\mu}\right) \\
&\sim 4\,N\mu \ln(k).
\end{aligned}$$

Ces expressions sont une conséquence du fait que pour une variable indicatrice $E(I_j) = P(I_j = 1)$ et $\text{Var}(I_j) = P(I_j = 1)(1 - P(I_j = 1))$. Le symbole $\sim$ veut dire que $\lim_{k\to\infty} E(N_k)/(4N\mu \ln(k)) = 1$.

4.6 Exercices

1. Soient μ le taux de mutation $(A \to a)$ d'un gène à deux allèles (A et a) par génération et p_t la fréquence de l'allèle A en génération $t = 0, 1, 2, ...$
   (a) Exprimez p_t en fonction de p_0.
   (b) Déterminez le temps pour que la fréquence d'allèle A réduise de moitié (« *half-life* »). Qu'en concluez-vous ?
2. Calculez la fréquence à l'équilibre des allèles A et a, si la fitness de AA, Aa, et aa sont 0,3, 1,0 et 0,7, respectivement. Et si les fitnesses étaient 0,93, 1,0, et 0,97 ?
3. (a) Considérez un gène avec deux allèles A, a. Soit $p(t)$ la proportion de l'allèle A et $q(t) = 1 - p(t)$ celle de a au temps t. Le modèle de sélection au temps continu peut s'écrire

$$\frac{dp}{dt} = pq[p(m_{11} - m_{12}) + q(m_{12} - m_{22})], \qquad (4.15)$$

   où les facteurs malthusiens de la fitness sont paramétrisés par $m_{11} = 0$, $m_{12} = -hs$, $m_{22} = -s$. Dans cette dernière expression, s dénote le coefficient de sélection et h le degré de dominance.
   On regarde les trois cas spéciaux
      i. A est favorisé et dominant : $s > 0$, $h = 0$;
      ii. A est favorisé et l'effet de fitness est additif, c'est-à-dire que la fitness de l'hétérozygote est au milieu entre la fitness des deux homozygotes : $s > 0$, $h = 1/2$;
      iii. A est favorisé et récessif : $s > 0$, $h = 1$.

   Pour chacun des cas ci-dessus, déduisez la forme particulière que prendra 4.15.

   (b) Sans résoudre le système obtenu en (a), esquissez l'évolution de $p(t)$ pour les trois cas si la fréquence initiale de l'allèle A est petite, par exemple $p_0 = p(0) = 0,05$.

   (c) En utilisant les résultats de la partie (a), montrez que l'on a pour (i)

$$\ln\left(\frac{p(t)}{q(t)}\right) + \frac{1}{q(t)} = st + \ln\left(\frac{p_0}{q_0}\right) + \frac{1}{q_0},$$

   pour (ii)

$$\ln\left(\frac{p(t)}{q(t)}\right) = \frac{s}{2}t + \ln\left(\frac{p_0}{q_0}\right),$$

et pour (iii)

$$\ln\left(\frac{p(t)}{q(t)}\right) - \frac{1}{p(t)} = st + \ln\left(\frac{p_0}{q_0}\right) - \frac{1}{p_0}.$$

4. Soient w_{++} la fitness de génotype AA, w_{+-} la fitness de génotype Aa et w_{--} la fitness de génotype aa. Soit p_t la fréquence de l'allèle A en génération t et $q_t = 1 - p_t$ celle de a. Considérez les deux cas
(i) $w_{++} = 0,9$, $w_{+-} = 1$ et $w_{--} = 0,8$;
(ii) $w_{++} = 1$, $w_{+-} = 0,8$ et $w_{--} = 0,9$.
Pour les deux cas ci-dessus,
   (a) Calculez P_∞.
   (b) Esquissez l'évolution de p_t où $p_0 = 0,1$, $p_0 = 0,3$, $p_0 = 0,4$ et $p_0 = 0,7$. Qu'en concluez-vous ?

5. On a vu le modèle de sélection pour l'allèle A contre l'allèle a avec la génération discrète, dans lequel le changement des proportions entre deux générations est décrit par $\Delta(p_A)$. Les points d'équilibre sont les solutions de l'équation $\Delta(p_A) = 0$. Si un tel point existe on le dénotera par $\tilde{p}_A$.
   (a) En utilisant un développement de Taylor de $\Delta(p_A)$, montrez qu'un équilibre est stable si

$$\left.\frac{d\Delta(p_A)}{dp_A}\right|_{\tilde{p}_A} < 0.$$

   Stabilité veut dire que pour p_A près de $\tilde{p}_A$ la proportion p_A dans les prochaines générations converge vers $\tilde{p}_A$.
   (b) Soit $\hat{p}_A = (w_{22} - w_{12})/w$, où $w = w_{11} - 2w_{12} + w_{22}$. On peut montrer que

$$\frac{d\Delta(p_A)}{dp_A} = \frac{p_A p_a w}{\overline{w}} + \frac{(p_a - p_A)(p_A - \hat{p}_A)w}{\overline{w}} - \frac{2p_A p_a (p_A - \hat{p}_A)^2 w^2}{\overline{w}^2}.$$

   Supposons que l'hétérozygote soit favorisé par rapport aux deux homozygotes, c'est-à-dire $w_{12} > w_{11}$ et $w_{12} > w_{22}$. Déterminez les points d'équilibre et discutez leurs stabilités.

6. Le taux de mutation vers l'allèle dominant qui cause *neurofibromatosis* est d'environ 9×10^{-5} et la fitness des individus touchés par cette maladie est à peu près 0,5. Quelle est la fréquence espérée de nouveau-nés qui sont à risque.

7. La taille adulte possède une héritabilité de 0,90. Que veut dire ce chiffre ? Comment peut-on l'estimer ?

8. Quelle est le nombre de générations nécessaire pour que la fraction espérée d'hétérozygotes tombe à 5 % de la valeur initiale dans une population de 100 individus ?

9. (a) Si une population est stratifiée en deux classes d'âge (J : jeunes et A : âgés) et se développe d'une génération à l'autre selon les règles suivantes :

   i. Tous les sujets de J passent à A ;
   ii. Tous les sujets (indépendants de la classe) ont un descendant qui fera partie de la prochaine classe J ;
   iii. Tous les sujets de A meurent.

   Calculez la taille de la population en commençant avec un seul sujet en J. Montrez que la proportion limite $\frac{|A|}{|J|}$ vaut $\frac{2}{(1+\sqrt{5})}$.

   (b) Soient $S(x) = P(\text{la durée de la vie} > x)$ la fonction de survie, $f(x)$ la fécondité, c'est-à-dire

$$\int_a^b f(x)dx = P(\text{un individu se reproduise entre les âges a et b}),$$

   et Pop(t) la taille de la population au temps t. Montrez que

$$\text{Pop}(t) = \text{Pop}(0)e^{mt},$$

   où m vérifie

$$\int_0^\infty e^{-mx}S(x)f(x)dx = 1.$$

10. Dans cet exercice nous analysons le modèle de Wright et Fisher à $2N$ allèles qui sont ou bien A ou bien a. Soient $N_A(t)$ le nombre d'allèles A à la génération t et $p_A(t) = N_A(t)/(2N)$ la fréquence de l'allèle A.

    (a) Calculez l'espérance et la variance de $N_A(t+1)$ en fonction de $E(N_A(t))$ et de $\text{Var}(N_A(t))$. Qu'en concluez-vous ?

    (b) Démontrez que

    i. $E\Big(N_A(t)(1-p_A(t))\Big) = \Big(1-\frac{1}{2N}\Big)E\Big(N_A(t-1)(1-p_A(t-1))\Big)$;

    ii. $\text{Var}\Big(N_A(t+1)\Big) = 2Np_A(0)(1-p_A(0))\frac{1-(1-1/(2N))^{t+1}}{1/(2N)}$.

11. Lors du tirage aléatoire de k allèles d'une population de $2N$ allèles, la probabilité que le j^{e} allèle est une nouveauté vaut

$$\frac{4N\mu}{j-1+4N\mu}.$$

    Soit N_k = le nombre d'allèles différents parmi k allèles. Calculez l'espérance et la variance de N_k. Comparez avec la formule approximative du cours $N_k = 1 + 4N\mu$.

Chapitre 5

La génétique quantitative

La taille adulte d'une femme ou d'un homme est un caractère sous l'influence aussi bien génétique qu'environnementale. Il existe beaucoup d'autres exemples de tels caractères à variation continue et dont on aimerait comprendre la base génétique. Ils ne se transmettent pas par ségrégation mendelienne et la loi de Hardy-Weinberg car ils sont influencés par une multitude de gènes. Les caractères de ce genre sont dits *polygéniques*. Dans ce chapitre, nous allons étudier quelques méthodes statistiques utiles pour l'analyse de ce type de caractères.

L'idée qui va nous intéresser est le degré de dépendance entre les caractères des parents et ceux de leurs descendants. Est-ce qu'un parent de grande taille aura des descendants de grande taille ? Est-ce que le fait qu'un père soit mort d'une crise cardiaque à l'âge de 58 ans indique que ses descendants ont un risque élevé de développer une maladie cardiovasculaire. Détecter une dépendance de caractères entre parent et descendant ne veut pas forcément dire qu'il existe une base génétique pour le caracère. Il est, par exemple, également possible que des effets dus à l'environnement que l'on partage dans la famille soient responsables de la corrélation.

La grandeur mathématique liée à la dépendance entre parent et descendant est l'*héritabilité*. Si l'on parle de maladies, une notion liée à l'héritabilité est celle du *risque familial*. Dans beaucoup de cancers, par exemple, le risque familial est une réalité. L'incidence du cancer augmente par rapport à l'incidence dans la population générale lorsque l'on considère la population des descendants dont on sait par exemple que la mère a été touchée par le cancer.

Associer un chiffre tel que l'héritabilité à certains caractères est un sujet controversé, en particulier pour des caractères liés au comportement social, à l'intelligence, ou à la santé mentale. Ce type de caractère est très difficile à définir de manière précise et donc forcément très difficile à mesurer. C'est l'une des raisons principales du scepticisme à l'égard de l'héritabilité.

Dans d'autres domaines, en revanche, tels que l'élevage des animaux, ce concept est tout à fait accepté. Nous allons pourtant découvrir que, même dans ces cas, la définition mathématique et rigoureuse de l'héritabilité n'est pas simple.

5.1 Élevage

Chez les plantes et les animaux, il est possible de sélectionner, en vue de la reproduction, des individus avec des caractères particuliers. On peut ainsi renforcer des caractères de valeur commerciale chez les descendants. La production de lait chez les vaches, par exemple, a pu être augmentée d'environ 700 kilos par cycle de lactation à environ 6 500 kilos aujourd'hui.

Un premier pas dans le développement d'une théorie de l'héritabilité est de considérer un seul gène à deux allèles. Imaginons la situation décrite à la figure 5.1. L'allèle a est défavorable tandis que l'allèle A est favorable du point de vue d'un certain caractère X.

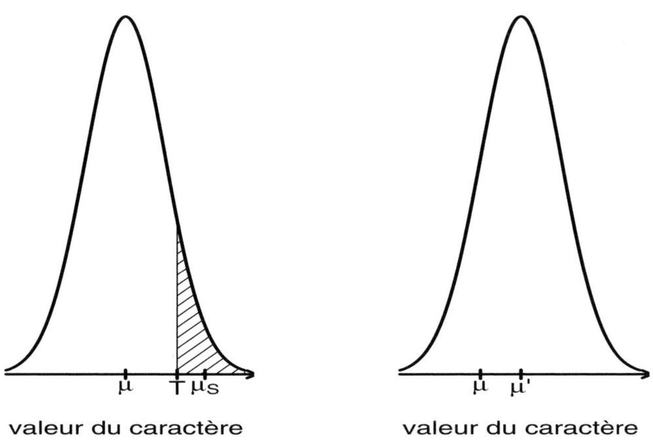

Figure 5.1 – En sélectionnant pour la prochaine génération uniquement des parents à valeur de caractère élevée ($> T$), on espère obtenir des descendants à valeurs encore plus élevées.

Définition 5.1 *Lorsqu'on sélectionne les parents uniquement parmi les individus avec une valeur x élevée de caractère X, disons $x > T$, la valeur moyenne parmi ces parents vaut μ_s et dépasse la valeur moyenne μ de la population générale ($\mu_s > \mu$). Leurs descendants ont une moyenne μ' qui se situe entre μ et μ_s, $\mu < \mu_d < \mu_s$. Le quotient*

$$0 \leq h^2 = \frac{\mu_d - \mu}{\mu_s - \mu} < 1 \tag{5.1}$$

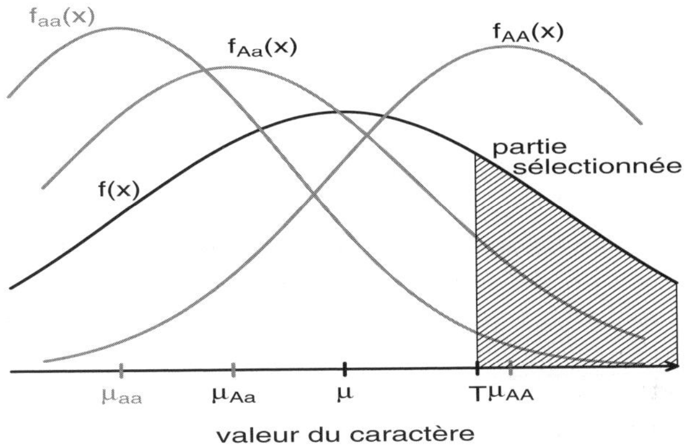

Figure 5.2 – Les densités en gris montrent les lois conditionnelles du caractère pour le génotype AA, Aa et aa. La densité en noir représente la répartition du caractère dans la population. Notons que l'allèle A produit une valeur plus grande que l'allèle a. La moyenne du caractère est μ et S désigne la proportion de la population sélectionnée pour l'élevage.

est appelé l'héritabilité (fig. 5.2).

L'héritabilité mesure l'effet des gènes au cours d'une expérience dans laquelle l'influence de l'environnement est de la même nature pour tous les individus. Elle est grande si, en sélectionnant les parents, on peut influencer de manière importante la moyenne du caractère X des descendants.

Il est usuel de paramétriser l'espérance du caractère pour les trois génotypes comme suit :

$$\mu_{aa} = \mu^* - m$$
$$\mu_{AA} = \mu^* + m$$
$$\mu_{Aa} = \mu^* + d,$$

où μ^* est une constante commune, $\pm\, m$ est l'influence de l'homozygosité et d celle de l'hétérozygosité. On pourrait donc dire que l'effet G du génotype vaut

$$G = \begin{cases} \mu^* + m, & \text{si } AA \\ \mu^* + d, & \text{si } Aa \\ \mu^* - m, & \text{si } aa. \end{cases}$$

La variation supplémentaire du caractère X, visible figure 5.1, est due à l'environnement.

En choisissant $m > 0$, on suppose implicitement que l'allèle a est inférieur à l'allèle A. La valeur μ^* vaut $(\mu_{aa} + \mu_{Aa})/2$ et se trouve exactement à mi-chemin

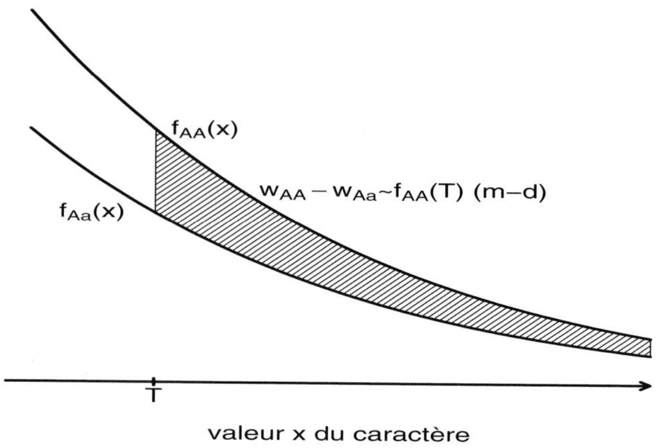

Figure 5.3 – Si les densités f_{AA} et f_{Aa} sont simplement descellées l'une de l'autre, l'aire $w_{AA} - w_{Aa}$ peut être calculée approximativement.

entre les deux homozygotes. Si $d = 0$, les allèles agissent de manière additive dans le sens que A a un effet de $m/2$ et que a a un effet de $-m/2$. Si $d = m$, l'allèle A est dominant, si $d = -m$, l'allèle A est récessif.

Si l'on sélectionne les individus de la partie hachurée S, on favorise le génotype AA et, dans une moindre mesure, également Aa sur aa. En redéfinissant la fitness comme probabilité de sélection, notre ancienne formule (4.3) est applicable et nous donne :

$$\Delta p_A = p_A\, p_a (p_A(w_{AA} - w_{Aa}) + p_a(w_{Aa} - w_{aa}))/\bar{w}.$$

Ici, Δp_A est l'augmentation de la fraction de l'allèle A parmi les descendants.

Sous l'hypothèse que $f_{Aa}(x)$, $f_{AA}(x)$ et $f_{aa}(x)$ sont des densités identiques à l'exception d'une translation et si les effets des génotypes (m, d) sont petits, on obtient

$$\begin{aligned} w_{AA} - w_{Aa} &= \int_T^\infty f_{AA}(x)dx - \int_T^\infty f_{Aa}(x)dx \\ &\approx \int_T^\infty f_{AA}(x)dx - \int_{T-d+m}^\infty f_{AA}(x)dx \\ &= \int_T^{T+m-d} f_{AA}(u)du \cong f_{AA}(T)\cdot(m-d). \end{aligned}$$

De manière analogue, on trouve que

$$w_{Aa} - w_{aa} \cong f_{AA}(T)(m+d),$$

et ainsi

$$\begin{aligned}\Delta p_A &\cong p_A\, p_a (p_A\, f_{AA}(T)(m-d) + p_a\, f_{AA}(T)(m+d))/\bar{w} \\ &\cong p_A\, p_a\, f_{AA}(T)(m+(p_a-p_A)d)/S.\end{aligned}$$

La fitness moyenne $\bar{w}$ est simplement égale à la probabilité qu'un individu aléatoirement tiré de la population soit sélectionné pour l'élevage et donc $\bar{w} = S$.

Les descendants des parents sélectionnés ont une valeur moyenne du caractère égale à :

$$\begin{aligned}\mu_d &= (p_A+\Delta p_A)^2\mu_{AA} + 2(p_A+\Delta p_A)(p_a-\Delta p_A)\mu_{Aa} + (p_a-\Delta p_A)^2\mu_{aa} \\ &= p_A^2(\mu^*+m) + 2p_A\,\Delta p_A(\mu^*+m) + 2p_A\,p_a(\mu^*+d) \\ &\quad +2\Delta p_A(p_a-p_A)(m^*+d) + p_a^2(\mu^*-m) - 2p_a\,\Delta p_A(\mu^*-m) + o(\Delta p_A^2) \\ &\approx \mu + 2\Delta p_A(m+(p_a-p_A)d).\end{aligned}$$

Ainsi

$$\mu' - \mu \approx 2\Delta p_A(m+(p_a-p_A)d) = 2(m+(p_a-p_A)d)^2 p_A\, p_a\, f_{AA}(T)/S\,.$$

On peut mettre en relation cette équation avec l'héritabilité (5.1) car, si l'on suppose que $f(x)$ est une densité normale avec variance σ^2, on a le résultat suivant :

$$\begin{aligned}\underbrace{\mu_s\left(\int_T^\infty f(x)dx\right)}_{=S} &= \int_T^\infty x\, f(x)dx \\ &= \int_T^\infty x\,\frac{1}{\sigma}\,\varphi\left(\frac{x-\mu}{\sigma}\right)dx \\ &= \mu\, S + \underbrace{\varphi\left(\frac{T-\mu}{\sigma}\right)\sigma}_{\approx f_{AA}(T)\sigma} \\ \Longrightarrow (\mu_s-\mu) &= \frac{1}{S}\, f_{AA}(T)\sigma^2.\end{aligned}$$

Finalement, on a

$$h^2 = \frac{\mu'-\mu}{\mu_s-\mu} = \frac{2p_A\, p_a(m+(p_a-p_A)d)^2}{\sigma^2} = \frac{2p_A\, p_a\alpha^2}{\sigma^2}\,. \tag{5.2}$$

Nous allons découvrir plus tard que la quantité α qui apparaît ici,

$$\alpha = m + (p_a - p_A)d,$$

est liée à l'effet partiel exercé par un seul allèle du génotype.

La formule que nous avons trouvée montre que l'héritabilité dépend de la proportion p_A de l'allèle favorable A, des effets m et d des génotypes, ainsi que de la variabilité globale σ^2 du caractère X.

Comment interpréter (5.2) ? Prenons d'abord le cas $d = 0$:

$$h^2 = 2p_A\, p_a\, m^2/\sigma^2.$$

Il s'agit tout simplement du rapport de deux variances, celle de l'effet génétique et celle du caractère

$$h^2 = \mathrm{Var}(G)/\mathrm{Var}(X). \tag{5.3}$$

Pour vérifier cela, notons qu'en utilisant les probabilités de Hardy-Weinberg, on trouve pour la variance de G

$$\begin{aligned}
\mathrm{Var}(G) &= E((G-\mu^*)^2) - (E(G-\mu^*))^2 \\
&= \left(m^2 p_A^2 + m^2 p_a^2\right) - \left(m\, p_A^2 - m\, p_a^2\right)^2 \\
&= m^2(p_A^2 + p_a^2) - m^2(p_A^2 - p_a^2)^2 \\
&= m^2(p_A^2 + p_a^2) - m^2([p_A - p_a][p_A + p_a])^2 \\
&= 2p_A\, p_a m^2,
\end{aligned}$$

car $p_A + p_a = 1$. Lorsque $d = 0$, l'héritabilité varie donc entre

$$h^2 = 0 \text{ si } \mathrm{Var}(G) = 0 \quad \text{et} \quad h^2 = 1 \text{ si } \mathrm{Var}(G) = \mathrm{Var}(X).$$

Si l'on décompose le caractère X de manière additive en une partie génétique et en un reste, on obtient :

$$X = G + (X - G) = G + E.$$

Une analyse mathématique de cette décomposition est facile à condition que E et G soient non-corrélés, c'est-à-dire

$$\mathrm{Cov}(X, G) = \mathrm{Var}(G).$$

Il en découle deux représentations intéressantes. D'une part,

$$h^2 = \mathrm{Cov}^2(X, G)/\left(\mathrm{Var}(G)\ \mathrm{Var}(X)\right) = \mathrm{Corr}^2(X, G) \tag{5.4}$$

et d'autre part

$$h^2 = \frac{\mathrm{Cov}(X, G)}{\mathrm{Var}(X)}. \tag{5.5}$$

La formule (5.4) montre que si les effets des allèles étaient additifs, c'est-à-dire si $d = 0$, l'héritabilité h ne serait rien d'autre que la corrélation entre le caractère X et la composante génétique G. L'expression (5.5), le quotient entre une covariance et une variance, nous est familière en régression linéaire.

Soient A et B deux variables aléatoires avec espérances et variances $E(A) = \mu_A$, $E(B) = \mu_B$, $\mathrm{Var}(A) = \sigma_A^2$, $\mathrm{Var}(B) = \sigma_B^2$. Nous souhaitons prédire B par une fonction linéaire de A, $\widehat{B} = \alpha + \beta A$. La qualité de la prévision peut être mesurée par l'erreur carré moyen $E[(\widehat{B} - B)^2]$. Cette quantité vaut

$$\begin{aligned} E\left[(\widehat{B} - B)^2\right] &= E\left[(\alpha + \beta A - B)^2\right] \\ &= E\left[(\alpha + (\beta\mu_A - \mu_B) + \beta\{A - \mu_A\} - \{B - \mu_B\})^2\right] \\ &= (\alpha + (\beta\mu_A - \mu_B))^2 + \beta^2\sigma_A^2 + \sigma_B^2 - 2\beta\,\mathrm{Cov}(A, B). \end{aligned}$$

En annulant les dérivées partielles par rapport à α et β on trouve que l'erreur carré moyen est minimale lorsque $\alpha = \mu_B - \beta\mu_A$ et $\beta = \mathrm{Cov}(A, B)/\mathrm{Var}(A)$. Le carré de l'héritabilité peut donc être interprété comme le coefficient de régression lorsque l'on souhaite prédire l'effet génétique G à l'aide du caractère X.

Pourtant, les formules (5.2) et (5.3) ne sont pas en égalité lorsque $d \neq 0$. Dans ce cas, on trouve que

$$\begin{aligned} \mathrm{Var}(G) &= 2p_A\, p_a\left(m^2 + d^2(1 - 2p_A\, p_a) - 2m\, d(p_A - p_a)\right) \\ &= 2p_A\, p_a\left[\alpha^2 + 2p_A\, p_a\, d^2\right] \end{aligned}$$

et donc un peu plus que le numérateur de (5.2).

En pratique, le caractère est polygénique, c'est-à-dire sous l'influence d'une multitude de gènes, chacun avec ses propres effets m_i, d_i. Si l'on suppose que les gènes agissent de manière additive, on obtient une généralisation de (5.2) :

$$h^2 = \sum_{i=1}^{k} 2p_i(1 - p_i)\alpha_i^2/\sigma_i^2. \tag{5.6}$$

5.2 Décompositions additives

La formule (5.3) suggère une autre approche du problème des caractères basée sur les *modèles à effets aléatoires* :

$$\begin{aligned} X &= \text{valeur du caractère d'un individu} \\ &= \text{valeur phénotypique (mesurable)} \\ &= G + E \\ &= \text{effet dû au génotype + effet dû à l'environnement.} \end{aligned} \tag{5.7}$$

Dans cette décomposition, X, G et E sont des variables aléatoires, telles que

E : une variable aléatoire centrée (espérance = 0), avec variance σ_E^2.

G : une variable aléatoire avec espérance $\mu_G = \mu_X$ et variance σ_G^2.

G, E : non corrélés et donc $\sigma_X^2 = \sigma_G^2 + \sigma_E^2$.

La décomposition de X en somme de G et de E dans 5.7 est semblable aux calculs que nous avons effectués à la section 5.1. Mais, cette fois, au lieu de dire que l'effet aléatoire dû à l'environnement est de la même nature pour tous les individus, nous l'introduisons explicitement sous la forme d'une variable aléatoire. L'hypothèse de la corrélation négligeable entre G et E n'est pas toujours justifiée mais elle est nécessaire pour simplifier les calculs.

En génétique, on s'intéresse à la transmission du matériel génétique d'une génération à l'autre. Parce que le génotype d'un individu est créé par l'union de gamètes provenant des deux parents, il est souhaitable de pouvoir isoler l'influence de l'un des parents. Dans la situation dont nous avons discuté à la section précédente concernant un gène à deux allèles, supposons que l'individu reçoive du père l'allèle A : quel est alors son caractère ? Pour répondre à cette question, le tableau 5.4 est utile. Dans les calculs, nous avons à nouveau fait appel á la paramétrisation suivante :

$$G = \begin{cases} \mu^* + m, & \text{si } AA \\ \mu^* + d, & \text{si } Aa \\ \mu^* - m, & \text{si } aa. \end{cases}$$

De plus, on suppose que l'allèle transmis par un des parents est connu et que l'autre allèle est choisi aléatoirement.

Table 5.1 – En sachant que la contribution d'un des deux parents est l'allèle A (ou a), que vaut le caractère de l'enfant ? Ce tableau montre ce qui arrive si la moité du génotype est connue et si l'autre moitié est choisie aléatoirement.

allèle	probabilité des génotypes AA	Aa	aa	$E(G \mid \text{allèle})$	$E(G \mid \text{allèle}) - E(G)$
A	p_A	p_a	0	$\mu^* + mp_A + dp_a$	$mp_A + dp_a$ $-(m(p_A - p_a) + 2dp_A p_a)$ $= p_a(m + d(p_a - p_A)) = p_a\alpha$
a	0	p_A	p_a	$\mu^* + dp_A - mp_a$	$-p_A(m + d(p_a - p_A)) = -p_A\alpha$

Les quantités de la dernière colonne du tableau 5.4 sont dites les valeurs associées aux allèles. À l'aide de α, un éleveur pourrait prédire le caractère d'un individu issu d'une union de deux gamètes particuliers, simplement en sommant les valeurs associées aux allèles correspondantes. C'est ce qu'on appelle la valeur pour l'élevage et qui vaut :

$$B = \begin{cases} 2p_a\alpha, & \text{si les deux gamètes sont } A \text{ et } A \\ (p_a - p_A)\alpha, & \text{si les deux gamètes sont } A \text{ et } a \\ -2p_A\alpha, & \text{si les deux gamètes sont } a \text{ et } a. \end{cases}$$

La variable B donne la valeur du caractère que l'on obtient en considérant une décomposition additive du génotype en deux parts paternelles. Le nom B pour cette variable est inspiré par le nom anglais pour l'élevage, le « *breeding* ». Si les effets des allèles étaient additifs, on aurait égalité entre l'effet génétique centré $G - E(G)$ et B. En général, il y a pourtant un effet supplémentaire synergétique entre les deux allèles, $I = G - E(G) - B$. On parle également d'effet interactif. Cette interaction est calculée au tableau 5.5.

Table 5.2 – La contribution génétique ou caractère, G, peut être écrite sous forme de somme $G = E(G) + B + I$, où I dépend uniquement de la valeur de d et s'annule lorsque $d = 0$. Notez que $E(G) = \mu^* + m(p_A - p_a) + 2d\,p_A\,p_a$.

génotype	G	$E(G)$	B	I
AA	$\mu^* + m$	E(G)	$2p_a\alpha$	$m - m(p_A - p_a)$ $-2d\,p_A\,p_a - 2p_a\alpha$ $= -2p_a^2 d$
Aa	$\mu^* + d$	E(G)	$(p_a - p_A)\alpha$	$d - m(p_A - p_a) - 2d\,p_A\,p_a$ $-(p_a - p_A)\alpha$ $= 2p_A\,p_a\,d$
aa	$\mu^* - m$	E(G)	$-2p_A\alpha$	$-m - m(p_A - p_a)$ $-2d\,p_A\,p_a + 2p_A\alpha$ $= -2p_A^2 d$
			$\alpha = m + d(p_a - p_A)$ $\Leftrightarrow$	$m = \alpha + d(p_A - p_a)$

Par construction, I et B ont une espérance nulle et ne sont pas corrélés. Par exemple,

$$\begin{aligned} E(B) &= E\left[E(G \mid \text{allèle}) - E(G)\right] = E(G) - E(G) = 0 \\ &= p_A^2\,2p_a\alpha + 2p_a\,p_A(p_a - p_A)\alpha - p_a^2\,2p_A\alpha = 0. \end{aligned}$$

En revanche, la variance n'est pas nulle. Pour B, on obtient :

$$\text{Var}(B) = \sigma_B^2 = p_A^2(2p_a\alpha)^2 + 2p_A\,p_a(p_a - p_A)^2\alpha^2 + p_a^2(2p_A\alpha)^2 = 2p_A\,p_a\alpha^2.$$

Ce calcul met en lumière la différence entre (5.2) et (5.3), car on constate maintenant que (5.2) est égal à

$$h^2 = \text{Var}(B)/\text{Var}(X).$$

Cela montre qu'en général h est égale à la corrélation entre le caractère X et l'effet additif B du génotype. Pour le démontrer, notez que $X = E(G)+B+I+E$ implique $\text{Cov}(X, B) = \text{Var}(B)$, au moins si B et E ne sont pas corrélés. On peut donc maintenant généraliser les équations (5.4) et (5.5)

$$h^2 = \frac{\text{Var}(B}{\text{Var}(X)} = \frac{\text{Cov}(X,\, B)^2}{(\text{Var}(X)\,\text{Var}(B)} = \text{Corr}^2(X, B) \tag{5.8}$$

et

$$h^2 = \text{Var}(B)/\text{Var}(X) = \text{Cov}(X, B)/\text{Var}(X). \tag{5.9}$$

5.3 Estimation de l'héritabilité

Pour estimer h^2 on peut se baser sur des expériences de croisements discutées à la section 5.1. Dans des populations humaines, cette approche n'est pas possible, mais on peut la remplacer par le calcul de corrélations entre les caractères de deux individus qui sont descendants, ascendants ou collatéraux de degré un ou deux, tels que (parent, enfant), (enfant I, enfant II), (vrai jumeau I, vrai jumeau II), etc. Une bonne introduction à ce sujet avec de nombreux exemples est donnée par Falconer, 1989.

5.3.1 Estimation à l'aide de couples parent/descendant

Pour illustrer les calculs nécessaires, considérons le cas d'un couple parent/descendant. Selon le modèle de base (5.7), on a :

$$X_d = G_d + E_d \text{ et } X_p = G_p + E_p,$$

où l'indice d indique le descendant direct et l'indice p le parent. Sous l'hypothèse que G et E sont non corrélés (G_d avec E_d et avec E_p et G_p avec E_p et E_d) et que $\text{Cov}(E_d, E_p)$ est nulle, on trouve :

$$\text{Cov}(X_d, X_p) = \text{Cov}(G_d + E_d, G_p + E_p) = \text{Cov}(G_d, G_p).$$

L'hypothèse $\text{Cov}(E_d, E_p) = 0$ n'est pas entièrement satisfaisante car l'environnement du parent est souvent partagé par le descendant. Si on ne peut pas négliger cette corrélation, on a

$$\text{Cov}(X_d, X_p) > \text{Cov}(G_d, G_p).$$

Le calcul de la covariance $\text{Cov}(G_d, G_p)$ est beaucoup simplifié par la décomposition additive. La raison profonde de la covariance entre parent et descendant est bien sûr la transmission d'un allèle du parent vers le descendant. En utilisant la décomposition

$$G = E(G) + B + I$$

et en supposant connu l'effet génétique du parent, on trouve que

$$\begin{aligned}
\text{Cov}(G_d, G_p) &= E\left(E\left[G_d - E(G_d)\right]\left[G_p - E(G_p)\right]\right) \\
&= E\left(E\left[G_d - E(G_d) \mid G_p\right]\left[G_p - E(G_p)\right]\right) \\
&= E\left(E\left(B_d + I_d \mid G_p\right)\left(B_p + I_p\right)\right).
\end{aligned}$$

L'espérance conditionnelle de l'interaction I_d en connaissant le génotype du parent est nulle, car I_d ne peut être connue qu'en connaissant le génotype entier du descendant. Pour $E(B_d|G_p)$ on peut en dire plus. Le descendant recevra un des allèles du parent. L'effet additif des deux allèles du parent vaut B_p. En choisissant un des deux allèles par hasard, la moitié de B_p sera en moyenne transmise au descendant. Cela montre que $E(B_d|G_p) = B_p/2$ et

$$\begin{aligned}\text{Cov}(G_d, G_p) &= E\left(1/2\, B_p(B_p + I_p)\right) \\ &= 1/2 \ \text{Var}(B_p),\end{aligned}$$

Si l'on effectue la régression de X_d sur X_p, on trouve la droite

$$\widehat{X}_d = E(X_p) + (X_p - E(X_p)) \frac{\text{Cov}(X_d, X_p)}{\text{Var}(X_p)}.$$

La pente de cette droite vaut :

$$\frac{\text{Cov}(G_d, G_p)}{\text{Var}(X_p)} = \frac{\text{Var}(B_p)/2}{\text{Var}(X_p)} = \frac{1}{2} h^2 .$$

Ajuster une droite de régression à un échantillon de couples (x_i, y_i) avec $i = 1, \ldots, n$ nous permet donc d'estimer h^2. Ici, x_i est la valeur du caractère du parent et y_i celle du descendant.

5.3.2 Le cas général

En général, la covariance génétique entre deux individus dépend de leur généalogie. Deux descendants qui ont les mêmes parents (« *full sibs* »), par exemple, ont en moyenne un quart du matériel génétique en commun. Ces coefficients de 1/2 (couple parent/descendant), 1/4 (couple frère et sœur), etc. sont les *coefficients de parenté*, dont la définition exacte est la suivante :

Définition 5.2 *Le coefficient de parenté de deux individus u et v est égal à :*

$$\phi_{uv} = P(\textit{deux allèles tirés aléatoirement, un de u et l'autre de v sont IBD}),$$

Ce concept s'applique également à un seul individu car

$$\phi_{uu} = (1 + F_u)/2\,,$$

où F_u est le coefficient de consanguinité de l'individu u (voir section 3.4). Si $F_u = 0$, alors $\phi_{uu} = 1/2$, car avec une chance de 1/2, on sélectionne deux fois la même copie du gène en deux tirages avec remise. Avec une chance de 1/2, on tire les deux copies du gène, mais ces deux copies sont IBD avec probabilité F_u.

Le calcul de la covariance $\text{Cov}(G_{d1}, G_{d2})$ de l'effet génétique entre deux descendants des mêmes parents peut nous servir d'exemple pour surmonter

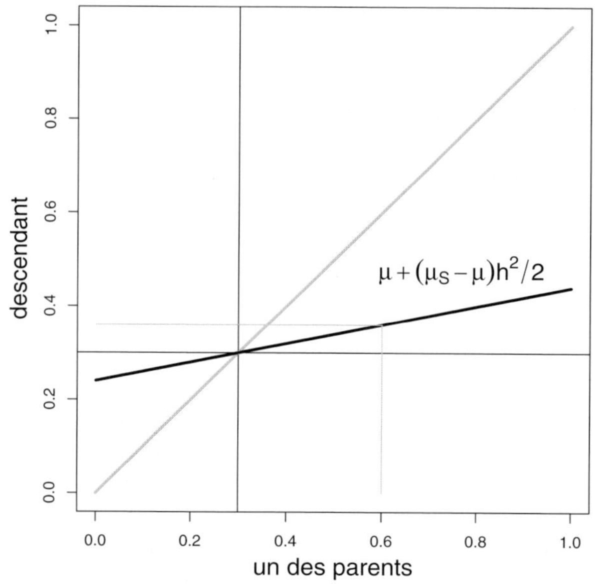

Figure 5.4 – À l'aide de couples (parent/descendant), on peut estimer l'héritabilité d'un caractère sous l'hypothèse que les effets environnementaux agissent indépendamment des effets génétiques et indépendamment du parent et du descendant.

les difficultés. Notons par G_{p1} et G_{p2} les effets génétiques des deux parents communs. On aimerait calculer la covariance conditionnelle :

$$\begin{aligned}\mathrm{Cov}(G_{d1}, G_{d2}|G_{p1}, G_{p2}) &= E([B_{d1} + I_{d1}][B_{d2} + I_{d2}]|G_{p1}, G_{p2}) \\ &= \mathrm{Cov}(B_{d1}, B_{d2}|G_{p1}, G_{p2}) + \mathrm{Cov}(I_{d1}, I_{d2}|G_{p1}, G_{p2}).\end{aligned}$$

En ce qui concerne le premier terme, on a $\mathrm{Cov}(B_{d1}, B_{d2}|G_{p1}) = \mathrm{Var}(B)/4$ et $\mathrm{Cov}(B_{d1}, B_{d2}|G_{p1}, G_{p2}) = 2 \times \mathrm{Var}(B)/4$.

Pour le deuxième terme, $\mathrm{Cov}(I_{d1}, I_{d2}|G_{p1}) = 0$, mais $\mathrm{Cov}(I_{d1}, I_{d2}|G_{p1}, G_{p2}) = \mathrm{Var}(I)/4 \neq 0$.

En général, la covariance entre effets génétiques de deux individus I et J, vaut :

$$\mathrm{Cov}(G_u, G_v) = 2\,\phi_{uv}\,\mathrm{Var}(B) + (\phi_{u'v'}\phi_{u''v''} + \phi_{u'v''}\phi_{u''v'})\,\mathrm{Var}(I).$$

Dans cette formule, (u', u'') sont les parents de u et (v', v'') sont les parents de v.

5.4 Exercices

1. Soit G l'effet génétique. Démontrez que

$$\text{Var}(G) = 2p_a p_A[\alpha^2 + d^2(2p_a p_A)]$$

2. L'effet génétique d'un gène sur un caractère quantitatif est de 5 pour le génotype AA, également 5 pour le génotype Aa et, -1 pour le génotype aa. Il est connu qu'un des parents passe au descendant un allèle A. Comment quantifier cette information ? Quelle est donc la valeur d'un parent AA ?

3. Considérez un caractère quantitatif X qui est déterminé par deux gènes ayant chacun deux allèles, A, a et B, b. Supposons que les deux gènes se situent sur deux chromosomes différents et que $p_A = p_B = 1/2$. On considère les deux cas suivants :

   (a) Le trait est *additif* pour les deux gènes tel que A et B contribuent chacun d'un point à un certain score, tandis que a et b ne contribuent en rien. Le génotype $aabb$ aura un score 0 et le génotype $AABb$ un score 3, par exemple ;

   (b) Le trait est *codominant* pour les allèles A et B tel que les génotypes AA, BB, Ab et aB contribuent chacun d'un point à un certain score. Le génotype $AABb$ aura un score de 2, par exemple.

   Un éleveur estime que les petits scores sont avantageux. Donc, suite à un croisement, il sélectionne la progéniture de score 0 ou 1.

   (a) Montrez que, dans le trait additif, la moyenne de la population peut se calculer comme $\mu = 4p_A$ et que la moyenne des descendants après sélection vaut également $\mu' = 4p'_A$. Déterminez le facteur d'héritabilité $h^2 = (\mu' - \mu)/(\mu_S - \mu)$.

   (b) Montrez que la moyenne de la population et la moyenne descendante dans le cas codominant vaut $2p(1+q)$. Déterminez le facteur d'héritabilité h^2.

   (c) Calculez en forme générale la moyenne globale μ pour le trait additif ainsi que codominant.

4. On considère un trait quantitatif X qui se compose d'un effet génétique G et d'un effet environmental E tel que

$$X = G + E.$$

   Soient B et I deux variables aléatoires représentant l'effet additif et l'effet interactif. La contribution génétique G s'écrit sous la forme d'une somme

$$G = E(G) + B + I.$$

   (a) Calculez l'espérance et la variance de I.

   (b) Démontrez que $\text{Cov}(X, B) = \text{Var}(B)$.

Chapitre 6

Génétique moléculaire

6.1 ADN, protéines et méthodes expérimentales

Le matériel génétique dans les cellules se trouve dans les chromosomes. Si l'on y regarde de plus près, les chromosomes sont constitués de molécules d'ADN. Une molécule d'ADN consiste en deux brins enroulés autour d'eux-mêmes sous forme de spirale ou double hélice (fig. 6.1). Chaque brin est un enchaînement de nucléotides de quatre types : A, T, G, C (adénine, thymine, guanine, cytosine). Un tour de l'hélice est composé d'environ 10 nucléotides. Les deux brins sont des copies complémentaires l'un de l'autre. La complémentarité veut dire que A va toujours avec T et vice versa. De même, G va avec C. Les deux brins sont attachés par des liaisons hydrogènes qui se forment entre A et T, et entre G et C.

Chacun des quatres couples possibles $A - T$, $G - C$, $T - A$, ou $C - G$ est appelé *paire de bases (pb)*. Les molécules ADN peuvent être très longues, chez les humains $\approx 230 \cdot 10^6$ pb dans le plus long chromosome. En total, le génome humain contient $3,2 \times 10^9$ pb. Parce que nous possédons deux copies de chaque chromosome (à l'exception du chromosome X ou Y) et que chaque chromosome est constitué de deux brins, nos cellules contiennent quatre brins pour chaque gène.

Tout gène est transcrit en un ou plusieurs produits ARN (acide ribonucléique). Les ARN sont composés de quatre bases possibles tout comme l'ADN. Les bases sont A, C et G, ainsi que U (uril) qui prend la place de T. Pour la grande majorité des gènes, l'ARN transcrit est lui-même un produit intermédiaire qui est ensuite traduit en protéine (chaîne d'acides aminés). Le génome humain contient entre 20 000 et 25 000 gènes de ce type. Les protéines remplissent des fonctions diverses et sont l'outil de base du monde vivant. En général, la structure géométrique tridimensionnelle de la protéine est d'importance. Parmi les protéines connues, on compte de nombreuses enzymes (catalyseurs) : l'hémoglobine qui transporte l'oxgène, l'insuline qui sert à la communication, et les immunoglobulines qui peuvent reconnaître des molécules étrangères. Pour

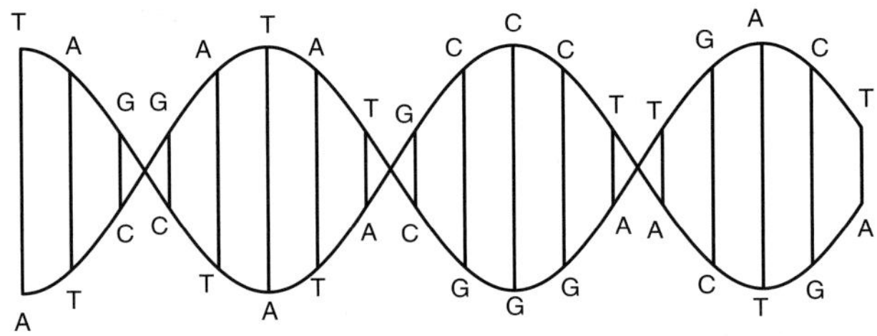

Figure 6.1 – Structure schématique de l'ADN. La molécule d'ADN est composée de deux brins complémentaires enroulés autour d'eux-mêmes. Les paires de bases sont donc arrangées le long d'une double hélice avec des connexions entre paires complémentaires.

une minorité de gènes, l'ARN transcrit est le produit final et a une fonction, par exemple, dans la synthèse de protéines.

L'expression des gènes, c'est-à-dire leur transcription en ARN et leur traduction en protéine, se fait selon le schéma suivant.

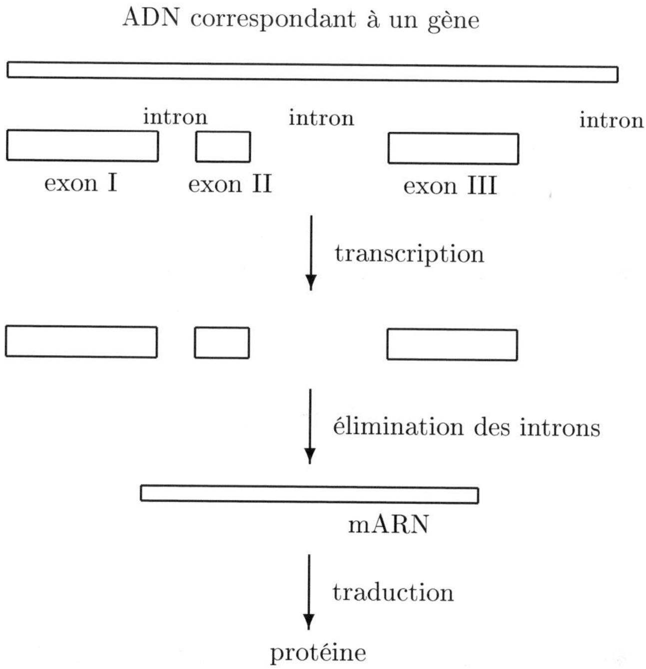

L'ADN complet est transcrit en ARN. Ensuite, les introns, c'est-à-dire les parties de l'ADN qui ne sont pas utilisées ultérieurement, sont éliminés. On dit que les introns sont non codants. Les autres parties du gène, les exons, sont joints et forment l'ARN messager (ARNm) qui contient la partie codante de l'ADN (dite ADNc). Environ 3 % seulement du génome humain est codant. La dernière étape concerne la traduction de l'ARNm en une protéine. Le dictionnaire utilisé consiste en un code non chevauchant basé sur des triplets de bases ARN. Ces triplet sont appelés *codons*. Le tableau 6.1 indique quel est ce code. Le code est redondant dans le sens que quatre codons différents codent souvent pour un seul acide aminé. Ainsi, le codon $AC*$, où $*$ peut être n'importe quelle base, est traduit en Thr. Du fait de cette redondance, de nombreuses mutations de paires de base sont silencieuses car elles n'ont aucune conséquence sur la protéine résultante.

En résumé, on peut dire que tout gène chez l'humain est composé d'exons et d'introns. Beaucoup de gènes commencent par une région promoteur. Il s'agit d'une courte séquence de bases qui contrôle la transcription en produit ARN. Si

Table 6.1 – Les codons sont composés de 3 bases de l'ARNm. Chaque codon représente un acide aminé dans une protéine ou arrête la synthèse (STOP). Les noms des vingt acides aminés sont : phénylalanine (phe), leucine (Leu), isoleucine (ne), méthionine (Met), valine (Val), sérine (Ser), proline (pro), thréonine (Thr), alanine (Ala), tyrosine (Tyr), histidine (His), glutamine (GIn), asparagine (Asn), lysine (Lys), acide aspartique (Asp), acide glutamique (Glu), cystéine (Cys), tryptophan (Trp), arginine (Arg), et glycine (Gly). Les codons STOP terminent la transcription d'un gène. Il existe également des codons START, le plus souvent AUG, qui codent en même temps pour la méthionine. Pour initier la transcription, le codon START n'est pas suffisant. Dans les alentours du codon START, il faut des séquences d'initiation.

	Deuxième nucléotide du codon							
	U		C		A		G	
U	UUU	Phe (F)	UCU	Ser (S)	UAU	Tyr (Y)	UGU	Cys (C)
	UUC		UCC		UAC		UGC	
	UUA	Leu (L)	UCA		UAA	STOP	UGA	STOP
	UUG		UCG		UAG		UGG	Trp (W)
C	CUU	Leu (L)	CCU	Pro (P)	CAU	His (H)	CGU	Arg (R)
	CUC		CCC		CAC		CGC	
	CUA		CCA		CAA	Gln (Q)	CGA	
	CUG		CCG		CAG		CGG	
A	AUU	Leu (L)	ACU	Thr (T)	AAU	Asn (N)	AGU	Ser (S)
	AUC		ACC		AAC		AGC	
	AUA		ACA		AAA	Lys (K)	AGA	Arg (R)
	AUG	Met (M)	ACG		AAG		AGG	
G	GUU	Val (V)	GCU	Ala (A)	GAU	Asp (D)	GGU	Gly (G)
	GUC		GCC		GAU		GGC	
	GUA		GCA		GAA	Glu (E)	GGA	
	GUG		GCG		GAG		GGG	

le promoteur est bloqué d'une façon ou d'une autre, le gène n'est pas transcrit. Sinon, la région promoteur sert à initialiser la transcription. À la jonction des exons et des introns se trouvent les sites d'épissage.

6.1.1 Méthodes expérimentales : séquençage, PCR, électrophorèse, chips génétiques

Si l'on détermine par une méthode analytique les nucléotides d'un brin d'ADN, on parle de séquençage. Une famille de méthode d'analyse physico-chimique, très utilisée à ces fins, est la chromatographie. La chromatographie sépare les composants d'un mélange par l'interaction d'un support qui crée la résistance et d'une force qui s'exerce sur les composants. Les différences en mobilité des composants les séparent. En biologie moléculaire, la technique la plus importante de ce type est l'électrophorèse, soit sur gel, soit en capillaire. Le mélange que l'on analyse consiste en fragments d'ADN, d'ARN ou de protéines. Ces molécules portent des charges et se déplacent sous l'influence d'un champ potentiel électrique. En capillaire, on observe le temps de passage ; sur gel, le déplacement durant un temps fixe. Pour rendre visible les fragments, on peut utiliser plusieurs moyens. On peut marquer les molécules par des corps radioactifs ou fluorescents par exemple.

Une procédure clé que tout biologiste moléculaire utilise quotidiennement est l'amplification en chaîne par polymérase, bien connue sous les initiales PCR (« *polymerase chain reaction* »). Cette méthode permet d'obtenir d'un échantillon d'ADN d'importantes quantités d'un fragment spécifique. Il s'agit d'une technique essentielle pour amplifier et ainsi détecter des signaux faibles.

Une autre procédure pour analyser un mélange complexe d'ADN ou d'ARN sont les chips génétiques ou « *microarrays* ». Cette méthode expérimentale exploite l'hybridisation, c'est-à-dire la tendance de deux suites d'ADN ou d'ARN complémentaires de s'accoupler en formant des ponts ou des liaisons hydrogène. Le chip consiste en un grand nombre de courtes suites d'ADN ou d'ARN, chacune posée à un endroit bien précis. En mettant en contact le chip avec une solution qui contient le mélange à analyser, l'hybridisation fait que certains des composants du mélange se fixent contre le chip. Cette technique est utile pour mesurer de manière simultanée le niveau d'expression d'un grand nombre de gènes ou de mesurer l'expression relative des gènes dans deux solutions mélangées.

Les méthodes expérimentales décrites ci-dessus ont été développées comme outil de recherche fondamentale en biologie dont un exemple est le séquençage du génome de l'être humain. Aujourd'hui, ces méthodes sont appliquées à de nombreux problèmes, en particulier pour identifier les gènes associés avec des phénotypes, par exemple des maladies. Pour développer le traitement d'une maladie génétique telle que l'hémophilie, la connaissance des causes est importante. Dans le cas de cette maladie, c'est par une analyse du processus de la coagulation qu'on est arrivé à isoler les facteurs VIII et IX responsables des différentes formes de la maladie. L'identification des gènes qui codent pour ces facteurs date des années 1980. Déterminer des gènes qui pourraient être liés à une maladie est généralement difficile. Les causes physiologiques de la maladie sont souvent peu claires et on ne sait donc même pas ce qu'il faut chercher dans le génome.

Une des pistes ouvertes est la comparaison du génome d'un ensemble d'individus malades et du génome d'un ensemble d'individus sains. Il existe plusieurs possibilités pour sélectionner de tels ensembles. Soit on utilise deux échantillons plus ou moins choisis au hasard, soit on utilise des paires d'individus qui se ressemblent en ce qui concerne l'âge et d'autres caractéristiques – un sain, l'autre malade (paires appariées) – soit on base l'étude sur des familles dans lesquelles la maladie est un événement assez fréquent. Parce que les liaisons familiales sont connues, ce dernier plan d'étude est avantageux. Si l'on a une idée des gènes qui peuvent être impliqués, on peut par exemple mesurer le niveau d'expression de ces gènes ou déterminer la séquence des gènes, ou encore mesurer l'expression relative dans une étude basée sur des paires appariées. Si l'on doit chercher dans le génome complet, le problème se complique. Déterminer la séquence du génome est trop cher, mais mesurer l'expression d'un grand nombre de gènes peut potentiellement donner des réponses. De nombreux ouvrages récents présentent les méthodes statistiques pour analyser de telles données et nous allons en grande partie laisser ce thème de côté. Des méthodes chromatographiques capables de déterminer la répartition des allèles dans de nombreux gènes sont également une possibilité. Quelques problèmes statistiques liés à une telle démarche sont présentés dans la section (6.3).

Lorsque l'on peut mesurer la présence de marqueurs génétiques dans des triplets parents/descendant, il est possible d'utiliser la liaison génétique pour déterminer les régions chromosomales qui pourraient contenir des gènes influents. Un *marqueur* est un endroit sur un chromosome qui possède de nombreux allèles. Les VNTR (« *variable number of tandem repeats* ») en sont un exemple. Il s'agit d'un phénomène où une courte séquence est répétée un certain nombre de fois et ce nombre peut varier d'une personne à l'autre. En utilisant une enzyme de restriction appropriée, des fragments de longueurs différentes sont créés et le génotype d'un individu peut ainsi être déterminé. Les SNP (« *single nucleotide polymorphism* ») sont un autre exemple. Ce sont des pbpaires de bases qui varient dans la population. Pour qu'une telle mutation soit utile, il faut pourtant que la fréquence de la variante « *wild-type* » (la variante la plus fréquente) soit inférieure à 95 %.

6.2 Variation génétique au niveau moléculaire

Les outils de la biologie moléculaire offrent des méthodes précises et rapides pour déterminer le génotype. Plusieurs exemples de telles données et des modèles correspondants seront discutés ici.

6.2.1 Polymorphismes des nucléotides

Comme indiqué ci-dessus, un polymorphisme SNP est une paire de bases ou un nucléotide qui, parmi les individus d'une population, montrent une variation importante. Pour qu'une mutation soit appelée polymorphisme, il faut qu'au moins 5 % de la population soit porteuse d'un allèle muté. Dans la théorie des mutations neutres, avec un taux de mutation μ par gène et par génération, nous avons trouvé la formule

$$\begin{aligned} H &= \text{proportion limite (stable) des individus hétérozygotes} \\ &= 1 - F = 1 - \frac{1}{1+4N\mu} = \frac{4N\mu}{1+4N\mu} \quad \text{(voir 4.14)}. \end{aligned}$$

Cela est valable sous l'hypothèse d'une infinité d'allèles distincts. Si l'on traduit cette infinité par la quasi-infinité de changements de bases (« *infinite sites model* »), on peut en déduire que, dans l'équilibre limite, il existe une proportion

$$H = \frac{4N\mu}{1+4N\mu} \approx 4N\mu = \theta$$

des paires de bases polymorphiques.

Ce résultat nous permet d'estimer le paramètre $4N\mu$ sous la condition que le modèle comportant une infinité de sites soit approximativement vérifié. Pour effectuer cette estimation, nous allons tirer au hasard deux suites d'ADN dans une population, déterminer la séquence et effectuer une comparaison de la composition des suites. Soit $(x_1, \ldots, x_n)$ et $(y_1, \ldots, y_n)$ les deux séquences et soit

$$S_2 = \sum_{i=1}^{n} 1_{\{x_i \neq y_i\}},$$

le nombre de positions où les deux séquences diffèrent. Sous le modèle comportant une infinité de sites, toute nouvelle mutation crée un nouvel allèle, encore jamais rencontré. Pour chaque site, la probabilité d'une modification vaut θ. Il s'ensuit que $E(S_2) = \sum_{i=1}^{n} P(x_i \neq y_i) = \sum_{i=1}^{n} \theta = n\theta$ et un estimateur de θ est alors donné par

$$\widehat{4N\mu} = \widehat{\theta} = S_2/n.$$

Si l'on sélectionne au hasard $k > 2$ séquences, il faut adapter cet estimateur. Dans ce cas, les données peuvent être représentées sous forme d'un tableau :

x_{11}	x_{12}	$\cdots$	x_{1n}
x_{21}	x_{21}	$\cdots$	x_{2n}
$\vdots$			
x_{k1}	x_{k2}	$\cdots$	x_{kn}

où $x_{ij} \in \{A, T, C, G\}$ représente le nucléotide de l'individu i en position j. La statistique S_k compte le nombre de positions avec au moins une base différente parmi les k individus. Rappelons que le modèle comportant un nombre infini d'allèles est tel que si $k-1$ allèles ont été choisis, la chance de voir un nouvel allèle au k^{e} tirage vaut

$$\frac{4N\mu}{k-1+4N\mu} \approx 4N\mu/(k-1) = \theta/(k-1).$$

Si lors d'un tirage on trouve que $x_{1j} = x_{2j}$, la probabilité que $x_{1j} = x_{2j} \neq x_{3j}$ est donc à peu près égale à $\theta/2$ et pour l'espérance de S_k on trouve la formule :

$$\begin{aligned} E(S_2) &= n\theta \\ E(S_3) &= n\theta + \frac{1}{2} n\theta \\ E(S_k) &= n\theta\left(1 + \frac{1}{2} + \cdots + \frac{1}{k-1}\right). \end{aligned}$$

Alors,

$$\hat{\theta} = S_k \bigg/ \left(n \sum_{i=1}^{k-1} 1/i\right).$$

Exemple 6.1 *Lors d'une étude, on a établi les séquences de* $k = 5$ *allèles sur une longueur de* $n = 500$ *bases. La valeur de la statistique* S_5 *était de 16, c'est-à-dire montrait une différence entre les 5 suites. L'estimation de* θ *vaut donc*

$$\widehat{4N\mu} = 16 \Big/ \left(500\left(1 + \frac{1}{2} + \frac{1}{3} + \frac{1}{4}\right)\right) = 1,54\ \%.$$

L'estimation de la fraction des nucléotides mutables est un problème bien posé, mais la solution ci-dessus est assez simpliste. La fraction pourrait changer selon la région chromosomale et même selon l'endroit précis dans le génome. Il existe des « *hot spots* » mutationnels ou des mutations semblent avoir lieu avec un taux anormalement élevé. Si l'on souhaite tirer des connaissances sur μ et N de l'estimateur $\widehat{\theta}$, il faut donc argumenter avec prudence. Il est fort probable que ni le taux de mutation μ, ni la taille de la population N ne soient des constantes.

6.2.2 Arbres phylogénétiques

Jusqu'à maintenant, nous avons considéré les différences dans des séquences d'ADN entre individus de la même espèce. Mais les mutations sont également le moteur de l'évolution des espèces. En comparant deux espèces, on trouve beaucoup de couples de gènes, un de la première espèce et l'autre de la deuxième, qui se ressemblent dans leur structure et leur fonction. La théorie sur l'évolution de Ch. Darwin postule un processus dans lequel deux espèces actuelles peuvent avoir une lointaine espèce comme ancêtre commun et les différences dans le génome que l'on observe aujourd'hui sont dues au développement des deux espèces depuis leur séparation. Deux gènes similaires provenant de deux espèces différentes sont dits *homologues*, s'ils ont un ancêtre commun lointain dans l'histoire de l'évolution naturelle. Lorsque l'on détermine la séquence d'un gène dans une plante, un virus, etc., la première chose faite par le chercheur est de comparer avec une base de données, afin de trouver d'autres gènes semblables. Cela peut donner une idée sur la fonction du gène, dans le cas où la fonction provenant de la base de donnée est connue.

Évolution de protéines

Pour modéliser les mutations de protéines durant de longues périodes, on peut proposer des modèles de base très simples. Supposons par exemple que le remplacement d'un acide aminé par un autre se fasse par un processus de Poisson avec un taux λ par an. Dans ce cas, si la protéine contient n acides et si $A(t)$ et $D(t) = A(t)/n$ sont respectivement le nombre et la proportion d'acides aminés différents dans deux protéines homologues, on a :

$$\begin{aligned} A(t+\Delta) &= (n - A(T))\, 2\Delta\, \lambda + A(t) + O(\Delta^2) \\ D(t+\Delta) &= (1 - D(t)) 2\lambda\, \Delta + D(t) + O(\Delta^2) \\ D'(t) &= (1 - D(t)) 2\lambda \quad \Longleftrightarrow \quad D(t) = 1 - e^{-2\lambda\, t}. \end{aligned}$$

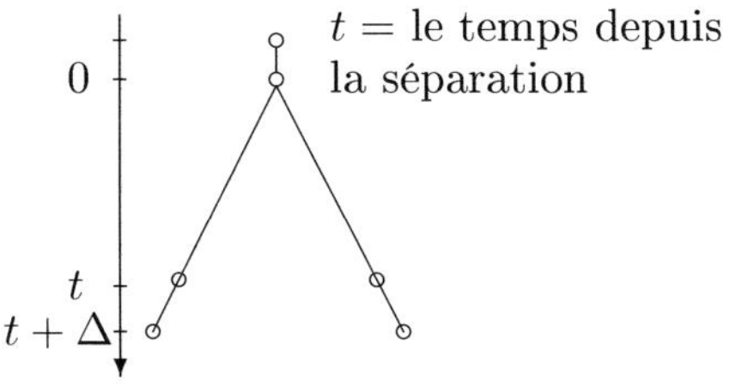

Le facteur 2 est dû au fait que les deux protéines sont guidées par le même processus aléatoire, ce qui signifie que, durant un temps Δ, les deux protéines s'éloignent de 2Δ.

Sous ce modèle, le nombre de changements suit une loi de Poisson avec espérance

$$K = 2\lambda\, t.$$

Alors

$$D(t) = 1 - e^{-K} \quad \Longleftrightarrow \quad K = 2\lambda\, t = -\ln(1 - D(t)).$$

Par l'observation de deux protéines homologues dans deux espèces, on peut estimer la proportion D et ensuite en déduire K, qui dépend linéairement de la durée de l'évolution depuis la séparation de l'ancêtre commun. Sous l'hypothèse d'un processus de remplacement homogène dans le temps ($\lambda \equiv$ constante), on peut ainsi estimer le temps de séparation de deux espèces. L'hypothèse d'un taux constant est appelée *l'horloge moléculaire.* Le temps de séparation peut également être estimé indépendamment par des données paléontologiques et ce test rend crédible l'hypothèse de l'horloge moléculaire. Notons pourtant que la valeur de λ semble varier beaucoup d'une région chromosomale à l'autre.

Taux de substitution de nucléotides

Le même modèle poissonien peut être appliqué aux mutations au niveau de l'ADN. Dans le modèle le plus simple, les mutations ponctuelles

$$A \to T, \qquad A \to C, \qquad A \to G, \qquad T \to A, \cdots$$

se font à taux constant α. Soit $P_A(t)$ la probabilité qu'un nucléotide soit égal à A au temps t, en sachant que l'état initial a été A. On a

$$P_A(t + \Delta) \approx \underbrace{(1 - 3\alpha\,\Delta)}_{\substack{1 - 3\alpha\,\Delta \,=\, \text{probabilité} \\ \text{que le nucléotide} \\ \text{ne change pas}}} P_A(t) + \alpha\,\Delta \underbrace{(1 - P_A(t))}_{\substack{\text{probabilité qu'un} \\ \text{nucléotide autre que} \\ A \text{ change et} \\ \text{devienne } A}},$$

où l'erreur de l'approximation est de l'ordre $o(\Delta)$. La limite lorsque $\Delta \to 0$ de cette équation nous dit que :

$$P_A'(t) = \alpha - 4\alpha\, P_A(t).$$

Les solutions de cette équation différentielle linéaire d'ordre 1 sont de la forme $P_A(t) = \frac{\alpha}{4\alpha} + C\, e^{-4\alpha\, t}$ avec une constante C quelconque. Pour que $P_A(0) = 1$, on est obligé de choisir $C = \frac{3}{4}$ et obtient

$$P_A(t) = \tfrac{1}{4} + \tfrac{3}{4}\, e^{-4\alpha\, t}.$$

Sous ces hypothèses, les quatre nucléotides ont la même fréquence et lorsque $t \to \infty$, $P_A(t) \to \frac{1}{4}$. L'état initial A change et le nucléotide devient A, T, G ou C avec probabilité $\frac{1}{4}$ chacun. Ce modèle a été proposé par Jukes et Cantor (voir Jukes *et al.*, 1969).

Si, maintenant, nous considérons deux espèces qui ont divergé il y a t années, et qu'on applique le modèle, on constate que :

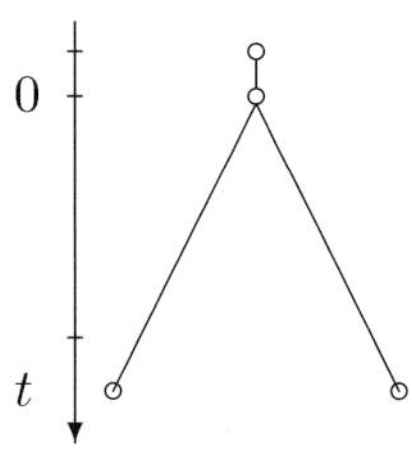

$$\begin{aligned} d &= 1 - P_A(2t) \\ &= \text{probabilité qu'un nucléotide qui valait } A \text{ au temps } t = 0 \text{ soit aujourd'hui différente} \\ &= \frac{3}{4} - \frac{3}{4}\, e^{-8\alpha\, t} \\ &= \frac{3}{4}\left(1 - e^{-8\alpha\, t}\right). \end{aligned}$$

Si, comme auparavant, nous introduisons λ, le taux de changement de nucléotides, nous trouvons $\lambda = 3\alpha$, car il y a pour tout nucléotide trois modifications possibles et les trois sont équiprobables. Le nombre espéré de changements d'un nucléotide durant une période de t années est donc $k = 2\lambda t = 6\alpha t$, ce qui implique $d = \frac{3}{4}(1 - e^{-4*k/3})$. Une estimation de k est possible à travers de d par :

$$k = \tfrac{3}{4} \cdot 8\alpha\, t = -\tfrac{3}{4} \ln\left(1 - \tfrac{4}{3}\, d\right).$$

La figure 6.2 montre la liaison entre k et d. En analogie avec les protéines, on peut estimer d par la proportion de différences $\hat{d}$ entre deux séquences d'ADN homologues.

Ce modèle simple d'un processus Poissonien avec taux α unique n'est pourtant pas réaliste. Plusieurs généralisations sont possibles :

(i) le taux de substitution dépend du nucléotide ;

		nucléotide substitué			
		A	T	G	C
nucléotide	A	–	β	α	β
initial	T	β	–	β	α
	G	α	β	–	β
	C	β	α	β	–

Les transitions ($A \leftrightarrow G$, $T \leftrightarrow C$), sont plus fréquentes que les transversions $A \leftrightarrow T$, $T \leftrightarrow G$, $A \leftrightarrow C$, $C \leftrightarrow G$). La matrice des taux à gauche reflète cette situation (Kimura, 1980).

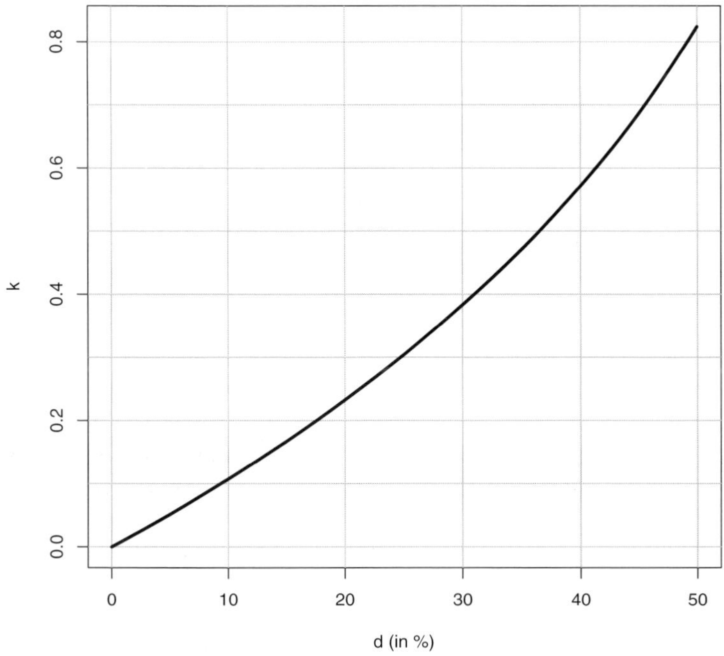

Figure 6.2 – Si la probabilité d'une modification d'un nucléotide est petite, le nombre espéré de changements par nucléotide est également petit et a peu près de la même taille, mais un bout plus grand. Si, par contre, la probabilité s'approche de 75 %, le nombre de changements tend vers ∞ et l'estimation de k n'a plus aucun sens.

(ii) La vitesse de l'horloge moléculaire est modélisée par un processus stochastique (par exemple dû à un environnement aléatoire). Ce modèle s'ajuste mieux aux données de substitutions qui, selon le processus Poissonien, devraient suivre une loi $\mathcal{P}(\mu)$ avec espérance $=$ variance $= \mu$. Dans des données réelles, la variance est souvent supérieure à l'espérance ;

(iii) Il existe deux types de substitutions de nucléotides, celles qui ne changent rien au niveau de la protéine (mutations silencieuses) et les autres. Il s'avère que le taux de changement des mutations silencieuses est plus élevé ;

(iv) Une généralisation importante concerne la situation où plusieurs gènes sont séquencés pour chaque espèce et peut-être même pour plusieurs individus de chaque espèce (différences inter-espèces et intra-espèces).

Construction d'arbres par classification hiérarchique

Pour construire des arbres phylogénétiques, les données de base sont des protéines homologues dans un ensemble d'espèces :

espèces	acides aminés			
espèce 1	a_{11}	a_{12}	$\cdots$	a_{1n}
espèce 2	a_{21}	a_{22}	$\cdots$	a_{2n}
espèce 3	a_{31}	a_{32}	$\cdots$	a_{3n}
$\vdots$				
espèce k	a_{k1}	a_{k2}	$\cdots$	a_{kn}

On pose

$$\hat{D}_{ij} = \text{pourcentage de différences entre espèces } i \text{ et } j.$$

$$2\lambda\,\hat{t}_{ij} = \hat{K}_{ij} = -\ln(1 - \hat{D}_{ij}) = \text{distance dans le temps entre espèces } i \text{ et } j.$$

À l'aide de ces distances, on peut construire un arbre phylogénétique approximatif. Rappelons que l'idée de base dans l'évolution est l'existence d'espèces qui ont disparu, mais qui servent comme ancêtres communs de deux ou plusieurs espèces actuelles. L'arbre phylogénétique montre la relation entre les espèces actuelles et les ancêtres communs, et donne une indication du temps depuis la séparation des espèces. Une construction hiérarchique nous permet de déduire un arbre en utilisant l'algorithme suivant très simple. On commence au temps actuel et on recule vers le passé. En reculant, des espèces s'unissent et forment des groupes. L'algorithme s'arrête lorsqu'un seul groupe englobant toutes les espèces initiales est créé. À cette étape, l'ancêtre qui est commun à toutes les espèces a été trouvé.

Algorithme de classification hiérarchique appliqué à n espèces :

[C0] Pour initialiser la procédure, on pose $\ell = 0$. Au début, chaque espèce forme son propre groupe et la matrice des distances entre groupes est $\left(d_{ij}^{(\ell)}\right) = (K_{ij})$ pour $0 \le i, j \le n$.

[C1] Les deux ou plusieurs groupes les plus proches sont fusionnés avec la distance de fusion $\min_{i,j}\left(d_{ij}^{(\ell)}\right)$.

[C2] La matrice des distances entre groupes doit être recalculée car, par la fusion, un nouveau groupe a été créé et deux ou plusieurs des anciens groupes ont disparu. Pour cela, il suffit de formuler une règle qui définit la distance entre un ancien groupe et le nouveau groupe†. On notera $\left(d_{ij}^{(\ell+1)}\right)$ la nouvelle matrice des distances.

[C3] Lorsqu'un seul groupe reste, l'algorithme s'arrête, sinon on pose $\ell = \ell + 1$ et on recommence avec [C1].

[†] Soit $\mathcal{G}_1 = \{i_1, \ldots, i_r\}$ et $\mathcal{G}_2 = \{j_1, \ldots, j_s\}$ les espèces dans les deux groupes. Trois choix courants pour définir la distance entre groupes d'espèces sont les suivants :

$$\begin{aligned}
\text{distance}(\mathcal{G}_1, \mathcal{G}_2) &= \max_{i \in \mathcal{G}_1, j \in \mathcal{G}_2} K_{ij} \\
\text{distance}(\mathcal{G}_1, \mathcal{G}_2) &= \min_{i \in \mathcal{G}_1, j \in \mathcal{G}_2} K_{ij} \\
\text{distance}(\mathcal{G}_1, \mathcal{G}_2) &= \text{moyenne}_{i \in \mathcal{G}_1, j \in \mathcal{G}_2} K_{ij}
\end{aligned}$$

Le résultat final de cet algorithme est une suite croissante de distances de fusion et une suite d'agglomérations des espèces en groupes de plus en plus grands. On peut représenter cette suite de fusions par un dendrogramme, un arbre à n branches finales et une seule racine. Pour que l'arbre ait un sens génétique, on peut démontrer que la troisième des distances ci-dessus est le bon choix.

Des méthodes plus sophistiquées existent pour estimer et comparer des arbres phylogénétiques. Elles se basent sur un modèle stochastique de l'évolution des protéines ou séquences ADN et calculent la vraisemblance des distances observées des espèces biologiques actuelles en fonction de l'arbre. Ainsi, l'arbre le plus vraisemblable peut être trouvé et on peut tester si un arbre est significativement différent d'un autre arbre légèrement modifié.

Supposons que pour les espèces A, B, et C on trouve l'arbre phylogénétique à droite. Cet arbre indique que la séparation entre A et {B,C} a eu lieu d'abord, suivi de la séparation entre B et C.

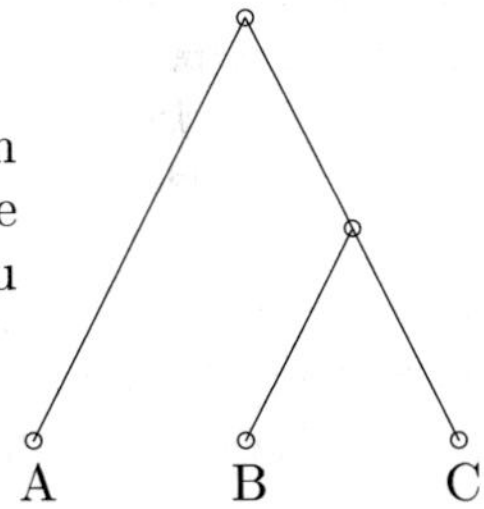

Peut-on être sûr de l'arbre estimé ? Est-ce que l'arbre à droite, qui postule une séparation au même moment, est significativement différent ?

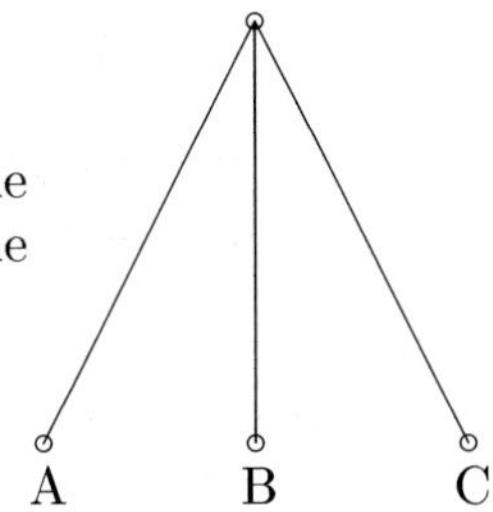

Une réponse possible est basée sur l'estimation des longueurs des branches de l'arbre et leurs écarts-types. On peut aussi calculer la vraisemblance associée aux deux arbres puis faire une comparaison à l'aide du test du rapport des vraisemblances.

Bio-informatique : aligner deux séquences

La bio-informatique n'est pas le sujet de ce livre, mais trouver des séquences avec une bonne similitude est un problème tellement fondamental que nous allons en discuter brièvement dans cette section. Pour une présentation plus détaillée, le lecteur est invité à consulter par exemple Waterman, 1995, ou Setubal et Meidanis, 1997.

L'analyse de séquences ADN, ARN en acides aminés pose un défi au niveau informatique. Comment organiser des bases de données ? Comment trouver parmi tous les éléments stockés un élément qui ressemble à une séquence donnée ? L'*alignement* de deux séquences est une procédure sous-jacente à de nombreuses questions de ce genre. Un alignement possible de $ACTGC$ et $ACGTC$ est indiqué ci-dessous :

A	C	T	G	–	C
A	–	C	G	T	C

Ici, A, G et C sont en correspondance (« *match* »). Pour y arriver, on a parfois dû introduire un trou ou un espace (–) dans les deux suites (« *gap* »). De plus, les nucléotides T et C en position trois ne se correspondent pas (« *mismatch* »).

Le diagramme suivant montre un autre cas possible :

A	C	T	G	–	C
A	C	–	G	T	C

Cette deuxième solution semble préférable, car au lieu de 3 correspondances, 1 faute et 2 espaces, l'arrangement contient ici 4 correspondances et 2 espaces.

Chacun des alignements ci-dessus représente une évolution différente des deux séquences. Les deux espaces dans la première correspondent à des délétions ou insertions. Toute faute représente une substitution d'une autre base dans l'une des deux séquences.

Comment déterminer le meilleur alignement ? Pour formaliser mathématiquement cette question, on peut introduire un score, dit *similitude*, qui mesure la qualité d'un alignement. On peut par exemple prendre la définition suivante :

$$\text{similitude} = \#\,\text{correspondances} \;-\#\,\text{fautes} \;-2\,\#\,\text{espaces}. \qquad (6.1)$$

Ce score favorise la substitution sur une délétion ou insertion. Plus généralement, on peut considérer une version pondérée de cette somme :

$$\text{similitude} = c \times \#\,\text{correspondances} \;- f \times \#\,\text{fautes} - d \times \#\,\text{espaces}$$

avec poids c pour chaque correspondance, $-f$ pour chaque substitution et $-d$ pour chaque délétion/insertion. L'alignement optimal est celui qui maximise le score.

L'algorithme que nous allons étudier a été publié dans Needleman et Wunsch, 1970. Il est un exemple de la programmation dynamique. Le but de cet algorithme est de trouver un ou plusieurs alignements qui maximisent la similitude de manière globale. De nombreux autres algorithmes existent pour déterminer des alignements construits de manière locale.

Soient $(a_1 \cdots a_n)$ et $(b_1 \cdots b_m)$ les deux séquences à aligner et la similitude (6.1). L'algorithme de Needleman et Wunsch calcule pour chaque couple (i, j) ($i = 0, 1, \ldots, n$ et $j = 0, 1, \ldots, m$) la similitude maximale s_{ij} que l'on obtient en alignant $(a_1, \ldots, a_i)$ et $(b_1, \ldots, b_j)$. Si $i = 0$ ou $j = 0$, on interprète la séquence correspondante comme étant vide et on y associe une similitude de zéro. Le calcul de s_{ij} se fait de manière récursive selon la formule

$$s_{ij} = \max\left\{s_{i,j-1} - 2, s_{i-1,j} - 2, s_{i-1,j-1} + r_{ij}\right\}, \tag{6.2}$$

où $r_{ij} = 1$, si $a_i = b_j$, et $r_{ij} = -1$, si $a_i \neq b_j$. La première possibilité dans cette formule se réalise lorsque l'alignement de $(a_1, \ldots, a_i)$ et $(b_1, \ldots, b_j)$ se construit sur la base de l'alignement de $(a_1, \ldots, a_i)$ et $(b_1, \ldots, b_{j-1})$ en ajoutant le couple formé d'un espace et de b_j :

$(a_1, \ldots, a_i)$	$-$
$(b_1, \ldots, b_{j-1})$	b_j

La deuxième possibilité est analogue à la première sauf que a_i est aligné avec un espace. La troisième possibilité finalement résulte en ajoutant l'alignement a_i et b_j à $(a_1, \ldots, a_{i-1})$ et $(b_1, \ldots, b_{j-1})$. Dans ce troisième cas, le score dépend des valeurs de a_i et b_j. Le tableau 6.2 indique les calculs pour deux courtes séquences.

Les séquences sont $a_1 = A, a_2 = C, a_3 = T, a_4 = G, a_5 = C$ et $b_1 = A, b_2 = C, b_3 = G, b_4 = T, b_5 = C$. Pour les calculs on y ajoute l'élément vide $\emptyset$ en première position et on arrange la séquence b en ligne et la séquence a en colonne. Ensuite, on démarre le calcul de s_{ij} en remplissant la première ligne et la première colonne par les scores 0, -2, -4, etc., le pas étant déterminé par le poids -2 attribué à la délétion/insertion. Ensuite, on applique la formule récursive (6.2), soit ligne par ligne, de gauche à droite, soit colonne par colonne, de haut en bas. La valeur dans la deuxième cellule de la deuxième colonne par exemple est

$$1 = \max\left\{-2 - 2, -2 - 2, 0 + 1\right\}.$$

Évidemment, on peut calculer la valeur d'une cellule à l'aide de trois voisins, celui à gauche, celui en dessus et celui en diagonale nord-ouest.

Une fois la matrice s_{ij} remplie, on a non seulement calculé la similitude du meilleur alignement, mais également l'alignement lui-même. L'alignement est trouvé en traçant un chemin de la cellule (n, m) en bas et à droite de la matrice, vers la cellule $(0, 0)$ en haut et à gauche. D'une cellule, on peut passer à une des trois cellules qui ont été utilisées pour calculer sa valeur et on doit toujours faire le passage vers la cellule qui a déterminé la valeur maximale dans (6.2). S'il y a plusieurs cellules voisines de ce type, la solution n'est pas unique

Table 6.2 – Les entrées de la matrice montrent la similitude maximale lorsque l'on aligne $(a_1, \ldots, a_i)$ et $(b_1, \ldots, b_j)$ $(0 \leq i \leq n$ et $0 \leq j \leq m)$. Les flèches montrent comment la valeur de chaque cellule est calculée. Elles pointent vers les cellules qui déterminent le maximum dans (6.2).

	∅		A		C		G		T		C	i
∅	0	←	−2	←	−4	←	−6	←	−8	←	−10	0
	↑	↖										
A	−2		1	←	−1	←	−3	←	−5	←	−7	1
	↑		↑	↖								
C	−4		−1		2	←	0	←	−2	←	−4	2
	↑		↑		↑	↖		↖				
T	−6		−3		0		1		1	←	−1	3
	↑		↑		↑	↖		↖		↖		
G	−8		−5		−2		1		0		0	4
	↑		↑	↖	↑		↑	↖		↖		
C	−10		−7		−4		−1		0		1	5
j	0		1		2		3		4		5	

et plusieurs alignements optimaux existent. À l'aide des flèches du tableau 6.2 tous ces chemins sont faciles à trouver. Dans l'exemple, l'unique chemin est le suivant :

$$(5,5) \to (4,4) \to (3,3) \to (2,2) \to (1,1) \to (0,0).$$

Cela correspond à l'alignement

A	C	T	G	C
A	C	G	T	C

La similitude de cet alignement vaut effectivement $3 - 2 = 1$.

Le tableau 6.2 contient un seul exemple où l'alignement optimal n'est pas unique. À partir de la cellule $(5,2)$, il y a deux chemins vers $(0,0)$: $(5,2) \to (4,2) \to (3,2) \to (2,2) \to (1,1) \to (0,0)$ ou $(5,2) \to (4,1) \to (3,1) \to (2,1) \to (1,1) \to (0,0)$. Les alignements correspondants sont :

A	C	T	G	C
A	–	–	–	C

et

A	C	T	G	C
A	C	–	–	–

Il est clair que ces deux alignements sont optimaux et la similitude vaut $2-6 = -4$.

En pratique, la recherche d'un alignement globalement optimal n'est pas faisable, car les coûts en calcul sont trop importants. Des méthodes d'opimisation heuristiques telles que BLAST (« Basic Local Alignment Search Tool ») ont pris la place de l'algorithme ci-dessus.

6.3 L'épidémiologie moléculaire : identifier les causes génétiques de maladies communes

Pour découvrir les causes génétiques d'une maladie, on doit établir une relation entre le phénotype (la présence ou l'absence de la maladie) et certains génotypes. Parfois, le génotype de l'individu provoque de manière directe une maladie. Si, par exemple, les cellules d'un organe ne produisent pas une certaine enzyme, une maladie peut en résulter. Dans ces cas, on parle de maladies génétiques, car le mécanisme qui provoque la maladie est directement lié à la malformation d'un seul ou des deux allèles dont l'individu est porteur. En analysant les symptômes d'une telle maladie et en faisant des comparaisons entre les réactions d'individus sains et malades, on peut identifier la cause. Un exemple célèbre est l'hémophilie. En très grande majorité, ce sont les hommes qui sont affectés. Si un gène est impliqué, il devrait donc se trouver sur le chromosome X. Au cours des années 1960, et à l'aide d'une analyse du sang d'hémophiles, la cause a été découverte : elle se trouvait dans l'absence de facteurs de coagulation. De nos jours, les recherches sur les diverses mutations liées à cette maladie continuent.

L'effet génétique n'est pas toujours aussi direct. Il se peut qu'une maladie soit le résultat d'une dégradation lente d'un système comme le cœur ou le système digestif. Certains génotypes accélèrent seulement ce processus mais ne sont pas ses causes directes. Dans une telle situation, on parle de facteur de risque. Une preuve de l'existence de tels facteurs de risque sont les maladies qui semblent être beaucoup plus fréquentes dans certaines familles que dans d'autres. Comment expliquer ce risque familial si ce n'est pas par des effets environnementaux ou par l'action de la génétique.

Les méthodes moléculaires se sont développées très rapidement et nous permettent aujourd'hui de déterminer une multitude de variables liées à la génétique. De telles variables sont appelées biomarqueurs ou marqueurs génétiques. Parmi eux, on peut compter les spectres mutationnels d'un gène (l'identification de la fréquence des divers allèles dans une population), la présence de mutations spécifiques dans un échantillon de cellules, et le profil d'expression d'ARNm d'une multitude de gènes dans un échantillon de cellules. On peut aujourd'hui mesurer les profils d'expression d'une multitude de gènes à l'aide de la technologie des chips génétiques ou « *microarrays* ». Avec cette méthode, on peut aussi mesurer la présence d'environ 500 000 SNP dans le génome d'un individu. De telles données créent une demande pour la modélisation statistique et le développement de méthodes bien adaptées. Pour se faire une idée de ce domaine, le lecteur est invité à consulter Berrar *et al.*, 2003, ou Speed,

2003.

La difficulté centrale de l'utilisation du génotype comme variable biomédicale est sa complexité. Lorsque l'on souhaite corréler génotype et phénotype, de quelle variable génétique parle-t-on. Si l'on soupçonne d'avance un gène d'être responsable d'un certain caractère phénotypique, disons le gène U, alors la tâche est facilitée. Il s'agit simplement de confirmer le soupçon ou de le réfuter. Des marqueurs liés à ce gène sont suffisants pour la solution. Si rien n'est connu, la tâche semble insurmontable, car comment peut-on examiner le génome complet ? Deux approches sont possibles. D'un côté, il est possible de restreindre partiellement la recherche. Si l'on sait, par exemple, que la maladie touche un processus biochimique dont on connaît partiellement les gènes responsables, on peut limiter sa recherche. D'un autre côté, on peut prendre au sérieux le défi d'un génome scan et travailler avec des marqueurs répartis partout dans le génome.

Une autre difficulté reste ouverte. De quelle corrélation parle-t-on ? Si un gène peut augmenter le risque d'une maladie, il faut qu'au moins un allèle muté du gène en question existe et que les individus qui en possèdent une ou deux copies aient une fréquence élevée de la maladie. Inversement, cela voudrait dire que l'allèle en question est enrichi parmi les individus touchés par la maladie. Il est même fort probable que plusieurs allèles de ce type existent, car beaucoup de mutations différentes peuvent rendre un gène inactif en ce sens que la protéine s'y rapportant n'est plus produite. Toutes les méthodes pour trouver de tels allèles se basent sur la liaison génétique. Du fait de la liaison génétique, la séquence d'ADN au voisinage d'un allèle muté, son haplotype, est préservée durant beaucoup de générations. Toute nouvelle mutation se produit dans un individu avec un haplotype particulier. Si un tel allèle augmente le risque d'une maladie mais s'il ne crée aucune pression sélective, l'allèle se transmet aux générations suivantes avec son haplotype initial plus ou moins préservé. Cela simplifie la recherche d'allèles « à risque », car il suffit d'identifier des haplotypes au lieu d'allèles. Cet argument est affaibli, mais reste valable lorsque la même mutation « à risque » a eu lieu à de multiples reprises ou bien lorsque plusieurs allèles « à risque » existent pour la maladie.

Deux plans d'études épidémiologiques existent pour identifer des haplotypes « à risque » pour une maladie particulière :

- l'étude de familles qui ont une prédisposition pour cette maladie ;
- la comparaison d'échantillons d'individus sains et malades dans une étude rétrospective (« *case/controle study* »).

Les familles royales européennes, par exemple, auraient été un bon choix pour une étude génétique sur l'hémophilie. Dans d'autres cas, comme une pression sanguine anormalement élevée ou le diabète du type 2, on peut trouver des familles avec beaucoup de membres touchés par la maladie. Le fait que les relations génétiques entre membres de la famille soient connues est un avantage des études familiales. En déterminant le génotype de chaque individu, on peut voir quel marqueur se transmet avec la maladie et tenter de trouver des corrélations ou liens entre génotype et maladie (phénotype). Même aujourd'hui, identifier le génotype d'une personne serait une tâche trop onéreuse, car elle reviendrait à séquencer le génome entier.

Dans une étude familiale, on mesure des marqueurs génétiques sur les membres de la famille et on tente de trouver des corrélations ou liens entre marqueurs et maladie (phénotype). Les données consistent en un ou plusieurs arbres généalogiques, le diagnostic médical de chaque individu (affecté par la maladie oui/non) et les marqueurs génétiques. Pour l'analyse, on suppose l'existence d'un allèle qui cause la maladie ou qui sert comme facteur de risque. Supposons que l'allèle soit dominant. En parcourant les données, on peut identifier les marqueurs qui sont présents chez une majorité des individus atteints par la maladie et absents chez les autres individus. Pour quantifier la liaision, on utilise la fraction de recombinaison r (voir section 3.3) entre le marqueur et le gène qui transmet la maladie. Tout triplet (sous-famille) composé de parents et descendant dans lequel un des trois porte la maladie peut être utilisé pour observer des recombinaisons. Prenons comme exemple une mère atteinte par la maladie et son descendant qui ne l'est pas. Dans la transmission génétique, il y a deux possibilités équiprobables, soit le descendant a reçu de sa mère le deuxième allèle, soit il a reçu l'allèle « à risque ». Parce qu'il n'est pas malade, la première possibilité a été réalisée. Si la mère est porteuse du marqueur soupçonné et le descendant également, on sait qu'il y avait recombinaison, car sinon le descendant serait porteur de l'allèle « à risque ». La probabilité de cette situation est donc proportionelle à r. Si, en revanche, le descendant a reçu de sa mère un autre marqueur, on sait qu'il n'y avait pas recombinaison et la probabilité est proportionnelle à $1 - r$. En multipliant toutes ces probabilités, on obtient la vraisemblance $L(r)$ qui est égale à la probabilité de la répartition observée de la maladie et du marqueur parmi les membres de la famille. La valeur $\hat{r}$ qui maximise la vraisemblance donne un estimateur de la fraction de recombinaison. Si $\hat{r}$ est près de $1/2$ on peut conclure qu'il n'y a pas de liaison entre allèle « à risque » et marqueur. Mais si r est près de zéro, une forte liaison existe et le gène soupçonné devrait se trouver dans le voisinage du marqueur. Le rapport $L(\hat{r})/L(r)$ sert à quantifier l'évidence en faveur de la liaison. En génétique $\log_{10}(L(\hat{r})/L(r)$, le LOD score, et la borne de 3 sont recommandés. Un score plus grand que 3 est pris comme « preuve » pour la liaison génétique.

L'analyse décrite ci-dessus est simpliste, car elle est faite sous la condition que la maladie atteigne obligatoirement tout individu porteur de l'allèle « à risque ». En introduisant la pénétrance, la probabilité conditionnelle que la maladie se déclenche en sachant que l'individu a reçu le mauvais allèle, on peut modifier la vraisemblance. Des erreurs de dépistage et d'autres difficultés encore peuvent également être introduites dans le modèle.

6.3.1 Génome scan

Dans Morgenthaler et Thilly, 2007, on trouve des idées liées aux études rétrospectives d'association entre phénotype et génotype avec deux cohortes, une composée d'individus atteints de la maladie (cohorte M) et l'autre composée d'individus sains (cohorte S). Les relations génétiques entre individus n'étant pas connues, on ne peut pas détecter des recombinaisons. On peut en revanche comparer la répartition des marqueurs dans les deux cohortes. Un marqueur qui transmet un risque pour la maladie aura une fréquence accrue dans la cohorte M. Un marqueur neutre aura une répartition équilibrée et un marqueur qui fournit une protection contre la maladie sera fréquent dans la cohorte S.

Si N_M et N_S sont les nombres d'individus dans les cohortes, on aura $2N_M$ et $2N_S$ allèles de chaque gène autosome dans les deux groupes. La majorité de ces allèles sont du type sauvage (« *wild type* »), les autres sont des allèles mutés. Pour illustrer quelques problèmes spécifiques, supposons que les données à disposition soient les nombres d'allèles mutés n_M et n_S dans les deux cohortes. Pour identifier des gènes « à risque », on effectue pour chaque gène un test de l'hypothèse nulle $\pi_M = \pi_S$, où π_M est la vraie fréquence des allèles mutés dans la population de gens touchés par la maladie, et π_S celle des gens non touchés par la maladie. L'alternative $\pi_M > \pi_S$ est intéressante lorsque l'on cherche des gènes qui sont porteurs de risque pour la maladie. L'autre alternative $\pi_M < \pi_S$ indique des gènes qui protègent contre la maladie. Parce que les deux sont d'intérêt, le test est bilatéral. L'estimation des probabilités π_M et π_S s'effectue par les fréquences $n_M/(2N_M)$ et $n_S/(2N_S)$. On rejette l'hypothèse nulle si la différence

$$S = n_M\, N_S/N_M - n_S$$

est grande en valeur absolue, soit positive, soit négative. Si les deux cohortes sont de taille importante, la distribution de cette statistique est proche d'une loi normale avec espérance et variance :

$$\begin{aligned} E(S) &= \mu = 2N_M\pi_M N_S/N_M - 2N_S\pi_S = 2N_S(\pi_M - \pi_S) \\ \mathrm{Var}(S) &= \sigma^2 = 2N_M\pi_M(1-\pi_M)N_S^2/N_M^2 + 2N_S\pi_S(1-\pi_S) \\ &= 2N_S(\pi_M(1-\pi_M)N_S/N_M + \pi_S(1-\pi_S)). \end{aligned}$$

Cette variance peut être estimée par

$$V = (2N_S/4)\,(n_M(2N_M - n_M)N_S/N_M^3 + n_S(2N_S - n_S)/N_S^2).$$

Sous l'hypothèse nulle, on a $E(S) = 0$ et $S/\sqrt{V}$ suit a peu près une loi normale centrée et réduite. Dans les cours de statistique, on enseigne deux façons différents de traiter un tel test. Soit on calcule le quantile 97,5 % de la loi nulle, ce qui donne 1,96 dans notre cas, et on rejette lorsque la valeur absolue de la statistique dépasse cette valeur critique. Soit on calcule la p-valeur du test $\mathrm{pv} = 2(1-\Phi(|S|/\sqrt{V}))$, où $\Phi(\ )$ est la fonction de répartition normale. On rejette l'hypothèse nulle pour des p-valeurs inférieures à 5 %. Ces deux méthodes sont équivalentes et on rejette donc selon un des deux critères suivants :

$$\begin{aligned} \text{Rejet de } \pi_M = \pi_S \quad &\Leftrightarrow \quad |S|/\sqrt{V} > 1,96 \\ &\Leftrightarrow \quad 2\left(1 - \Phi\left(|S|/\sqrt{V}\right)\right) < 5\,\%. \end{aligned}$$

Le résultat d'une telle procédure sera néanmoins absurde dans un génome scan. Il y a au moins $N = 20\,000$ gènes et hypothèses nulles à tester. Même si l'hypothèse nulle est juste et vraie, un test statistique peut la rejeter par manque d'information dans les données. Pour notre règle ci-dessus, un tel faux rejet arrive avec une fréquence de 5 %. Le nombre de gènes que nous allons découvrir comme étant impliqués dans la maladie sera donc autour de $1\,000 = 0,05 \times 20\,000$ et toutes ces découvertes seront fausses, car l'hypothèse nulle est en réalité juste. Une telle procédure est sans aucune valeur médicale.

Que faire ? En modifiant la procédure, on peut arriver à une méthode valable. Supposons que 10 fausses découvertes ne dérangent pas. L'espérance du nombre de fausses découvertes est égale à $N\alpha$ où α est la probabilité d'un faux rejet par test. La solution de $10 = N\alpha$ est $\alpha = 10/N = 0,0005$. Autrement dit, parce que $10 = 0,0005 \times 20\,000$, il faudrait simplement remplacer l'ancienne règle par

$$\begin{aligned}\text{Rejet de } \pi_M = \pi_S \quad &\Leftrightarrow \quad |S|/\sqrt{V} > 3.48 \\ &\Leftrightarrow \quad 2\left(1 - \Phi\left(|S|/\sqrt{V}\right)\right) < 0,05\ \%,\end{aligned}$$

où 3,48 a été calculé comme le 0,025 % quantile de la loi normale. Si on dit que la probabilité même d'une seule fausse découverte doit être inférieure à 5 %, on peut argumenter comme suit :

$$\begin{aligned}&P(\text{aucune fausse découverte}) = \\ &\qquad P\left(\bigcap_{i=1}^{20\,000} \{\text{i}^{\text{e}} \text{ test ne rejette pas faussement}\}\right) \\ &\qquad\qquad = 1 - P\left(\bigcup_{i=1}^{20\,000} \{\text{i}^{\text{e}} \text{ test rejette faussement}\}\right).\end{aligned}$$

Cette égalité se base sur la loi de De Morgan $(A \cap B)^{\text{c}} = A^{\text{c}} \cup B^{\text{c}}$, le complément de l'intersection de deux ensembles est égal à l'union des compléments des deux ensembles. En d'autres termes, la chance qu'aucun des $N = 20\,000$ tests ne rejette faussement est égale au complément de la chance qu'il existe un test parmi les 20 000 qui rejette faussement. Si on a une borne supérieure $P\,\{\text{i}^{\text{e}} \text{ test rejette faussement}\} \leq \alpha$, on peut borner la probabilité de l'union par

$$P\left(\bigcup_{i=1}^{20\,000} \{\text{i}^{\text{e}} \text{ test rejette faussement}\}\right) \leq 20\,000 \times \alpha.$$

Finalement, nous pouvons résoudre notre problème initial qui consiste à assurer que

$$1 - P(\text{aucune fausse découverte}) \leq 5\ \%.$$

On peut certainement le vérifier si on choisit α tel que

$$20\,000 \times \alpha \leq 5\ \% \Leftrightarrow \alpha \leq 5\ \%/N = 5\ \%/20\,000 = 0,00025\ \%.$$

Cette approximation est dite la *règle de Bonferroni* et nous amène au test :

$$\begin{aligned}\text{Rejet de } \pi_M = \pi_S \quad &\Leftrightarrow \quad |S|/\sqrt{V} > 4,71 \\ &\Leftrightarrow \quad 2\left(1 - \Phi\left(|S|/\sqrt{V}\right)\right) < 0,00025\,\%\,.\end{aligned}$$

Il y a donc une suite de tests possibles, des tests de plus en plus sévères. La règle de Bonferroni est la plus sévère dans le sens que lorsque le test de Bonferroni rejette l'hypothèse nulle, le test classique au niveau de 5 % la rejette également. Mais l'inverse n'est pas vrai. Le test classique rejette trop souvent.

La règle de Bonferroni ci-dessus peut être ré-écrite comme suit :

$$\text{Rejet de } \pi_M = \pi_S \Leftrightarrow p\text{-valeur} < 5\,\%/20\,000.$$

Pour calculer la borne qui sépare le rejet du non-rejet, il faut donc simplement diviser le niveau souhaité du test (5 %) par le nombre de tests que l'on effectue ($N = 20\,000$). Cette règle simple est pourtant jugée trop sévère par beaucoup de chercheurs. Une possibilité intermédiaire a déjà été évoquée. On peut limiter le nombre espéré de fausses découvertes. Un autre compromis est celui proposé par Benjamini et Hochberg (1995). Leur procédure modifie la règle de Bonferroni en triant les N hypothèses nulles selon la p-valeur. L'hypothèse avec la plus petite p-valeur est celle que l'on a le plus envie de rejeter. Parce qu'elle possède la plus petite p-valeur parmi N, on rejette celle-ci lorsque la p-valeur est inférieure à la borne de Bonferroni, c'est-à-dire p-valeur $< 5\,\%/N$. Pour la k^{e} plus petite p-valeur, on augmente la borne à $5\,\%/(N - k + 1)$, car il s'agit de la plus petite p-valeur parmi les $N - k + 1$ qui n'ont pas encore été traités. Soit la plus grande valeur de k telle que la k^{e} plus petite p-valeur est inférieure à sa borne et pour tout $j > k$ la j^{e} plus petite p-valeur dépasse sa borne. Dans ce cas, la règle de Benjamini-Hochberg rejette les hypothèses 1 jusqu'à k. On peut démontrer que cette procédure est telle que le *taux de fausses découvertes* $E(F/(V + F)) \leq 5\,\%$. Ici, F est le nombre (aléatoires) de fausses découvertes et V est le nombre (aléatoire) de vraies découvertes. Quand aucune hypothèse n'est rejetée, on définit $F/(V + F) = 0$. La règle de Bonferroni, en revanche, contrôle un autre critère : la probabilité de faire au moins une fausse découverte, $P(V \geq 1) \leq 5\,\%$.

Jusqu'ici, on a discuté les fausses découvertes, c'est-à-dire les gènes faussement identifiés comme étant impliqués dans la maladie. Dans la planification d'une étude génétique, le but est pourtant de faire de vraies découvertes, c'est-à-dire d'identifier les gènes réellement responsables du risque. Les gènes sont d'autant plus faciles à trouver que l'effet normalisé

$$\eta = \mu/\sigma = \frac{\sqrt{2N_S N_M}|\pi_M - \pi_S|}{\sqrt{(\pi_M(1 - \pi_M)N_S + N_M \pi_S(1 - \pi_S))}}$$

est grand. Mais, dans un scénario comme le nôtre, on ne peut pas s'attendre à un grand effet. Les mutations silencieuses augmentent de manière équitable aussi bien π_M que π_S et donc aussi σ. À cela s'ajoute des mutations neutres

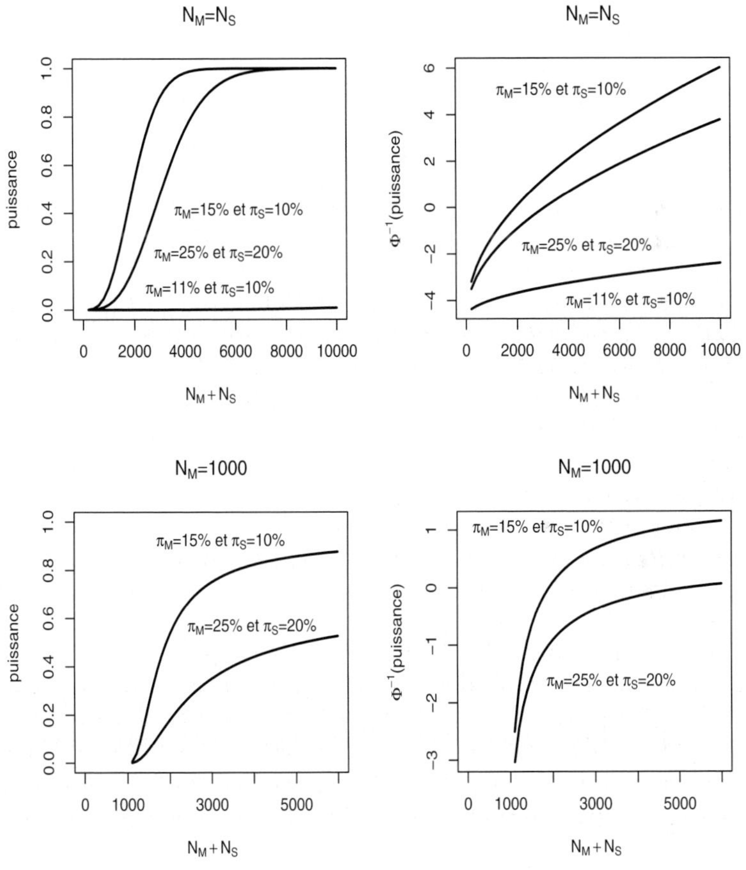

Figure 6.3 – La puissance en fonction de $N_M + N_S$. Dans les deux panneaux en haut, on regarde une étude avec $N_M = N_S$, dans les deux panneaux en bas, $N_M = 1\,000$ reste constant. Dans les panneaux à gauche, la puissance est exprimée en probabilités, à droite en forme de quantiles normaux (des probits).

qui ont la même influence. Elles sont elles aussi réparties équitablement entre les deux cohortes et diminuent l'effet normalisé. On pourrait essayer de distinguer les mutations neutres des mutations inactivantes, mais cela demande des connaissances plus détaillées, par exemple la séquence ADN. En fonction de l'effet normalisé η, on peut calculer la probabilité du rejet de l'hypothèse nulle, c'est-à-dire la probabilité d'une vraie découverte. Cette caractéristique est dénommée la puissance et vérifie puissance$(\eta) = 1-\beta(\eta)$ où $\beta(\eta)$ est la probabilité d'une erreur de deuxième espèce, l'erreur qui consiste à ne pas rejeter l'hypothèse nulle lorsque l'action correcte serait le rejet. Il est facile de calculer $\beta(\eta)$ pour tout test qui rejette l'hypothèse nulle si $|S|/\sqrt{V} > C$. On trouve

$$\begin{aligned}\beta(\eta) &= P(\text{on ne rejette pas, même si } \eta \neq 0) \\ &\approx \Phi\left((C-\eta)\right) - \Phi\left((-C-\eta)\right).\end{aligned}$$

La figure 6.3 illustre la puissance en fonction de la taille $N_M + N_S$ de l'étude.

On constate une forte dépendance de la puissance des valeurs de π_M et π_S. Si les deux sont proches, par exemple, pour $\pi_M - \pi_S = 0{,}01$ l'effet est difficile à détecter. On constate également qu'une forte fréquence de mutations neutres et silencieuses rend la puissance plus faible. Ainsi, $\pi_M = 0{,}25$, $\pi_S = 0{,}20$ est plus difficile à détecter que $\pi_M = 0{,}15$, $\pi_S = 0{,}10$.

6.4 Exercices

1. Une suite de 18 acides aminés a été déterminée pour deux espèces, les humains et les souris. Le tableau ci-dessous montre les deux suites :

Humain	Met	Lys	Try	Thr	Ser	Tyr	Ile	Leu	Ala
Souri	Met	Asn	Ala	Thr	His	Cys	Ile	Leu	Ala
Humain	Phe	Gln	Leu	Cys	Ile	Val	Leu	Gly	Ser
Souri	Leu	Gln	Leu	Phe	Leu	Met	Ala	Val	Ser

   Quel est le taux λ de changement si on suppose un taux de substitution constant et si on sait que les deux espèces se sont séparées il y a 80×10^6 années.

2. Chez les primates, la protéine β-globine possède 146 acides aminés. Le tableau suivant représente le nombre estimé de différences parmi deux couples de primates en fonction de la durée de leur séparation :

Différence du temps (millions années)	Nombre d'acides aminés différents
85	25.5
60	24
42	6.25
40	6
30	2.5
15	1

À l'aide de ces données, estimez le taux moyen de subsitution λ.

3. Soit les séquences d'ADN $S_1 = ATGC$ et $S_2 = AGCT$. Déterminer le meilleur alignement ainsi que le score associé à l'aide de l'algorithme de Needleman & Wunsch.

4. Afin de faire une étude rétrospective, on considère cent individus atteints de la maladie ($N_M = 100$), et cent autres individus sains ($N_S = 100$). Pour un gène spécifique, nous avons mesuré les nombres d'allèles mutés dans les deux cohortes, $n_M = 60$ et $n_S = 40$.
   (a) Identifiez si ce gène est un gène « à risque » au niveau $\alpha = 5$ %.
   (b) Supposons qu'il y a $N = 20\,000$ gènes en total à tester, comment pourriez vous améliorer votre test ?

Bibliographie

[1] D.P. Berrar, W. Dubitzky et M. Granzow (éd.). *A Practical Approach to Microarray Data Analysis.* Boston, Kluwer Academic Publishers, 2003.

[2] R. Durrett. *Probability Models for DNA Sequence Evolution.* New York, Springer, 2002.

[3] W.J. Ewens. The sampling theory of selectively neutral alleles. *Theoretical Population Biology*, **3**, 87–112, 1972.

[4] D.S. Falconer. *Introduction to Quantitative Genetics.* Troisième édition, Harlow, Longman Scientific & Technical, 1989.

[5] D.L. Hartl et A.G. Clark. *Principles of Population Genetics.* Troisième édition, Sunderland, Sinauer Associates, 1997.

[6] F. Hoppe. Polya-like urns and the Ewens' sampling formula. *J. Math. Biol.*, **20**, 91–94, 1984.

[7] T.H. Jukes et C.R. Cantor. Evolution of protein molecules. *Mammalian Protein Metabolism III*, (H.N. Munroe, éd.), New York, Academic Press, 21-132, 1969.

[8] M. Kimura et J. Crow. The number of alleles that can be maintained in a finite population. *Genetics*, **49**, 725–738, 1964.

[9] M. Kimura. A simple method for estimating evolutionary rate of base substitutions through comparative studies of nucleotide sequences. *Journal of Molecular Evolution*, **16**, 111–120, 1980.

[10] S. Morgenthaler, P. Herrero-Jimenez et W.G. Thilly. Multistage carcinogenesis and the fraction at risk. *Journal of Mathematical Biology*, **49**, 455–467, 2004.

[11] S. Morgenthaler et W.G. Thilly. A strategy to discover genes that carry multi-allelic or mono-allelic risk for common diseases : a cohort allelic sums test (CAST). *Mutation Research/Fundamental and Molecular Mechanisms of Mutagenesis*, **615**(1-2), 28–56, 2007.

[12] T. Speed (éd.). *Statistical Analysis of Gene Expression Microarray Data.* Londres, Chapman & Hall/CRC, 2003.

[13] J. Setubal et J. Meidanis. *Introduction to Computational Molecular Biology.* Pacific Grove, Californie, Brooks/Cole Publishing Comp., 1997.

[14] M.S. Waterman. *Introduction to Computational Biology.* Londres, Chapman & Hall, 1995.

[15] M. White, A. Grendon et H.B. Jones. Effects of urethane dose and time patterns on tumor formation. *Proc. Fifth Berkeley Symposium*, **IV**, 721–743, 1967.

Index